わかりやすい
データ解析入門

── C++による演習

［第3版］

内山俊郎 著

ムイスリ出版

第 3 版 はじめに

　世の中では，AI の重要性が増しています．特に「新たなコンテンツを生成する」生成 AI の急速な普及（2022 年 11 月の chatGPT の公開以降）は，AI への関心を高くしました．生成 AI については，積極的に使って恩恵を得るべきと考えます．もちろん，前提知識があってこそ恩恵が得られるのであって，利用者の学びは必要です．今後も，AI を含む機械学習やデータ解析技術の利用，および研究が進むことを期待いたします．本書では，機械学習に関連する基礎を扱っていますので，本書での学習が他の AI や機械学習の理解にも役立ってほしいと思います．

　第 3 版では，細かな修正を行いました．例えば，わかりやすさを向上させるため，扱うデータを入れ替えたところ（6 章の主成分分析と判別分析に関して）があります．8 章の文書解析（および対応する付録）では伝えたいことを明確にするため，より具体的な処理手順の例を示し，結果に対する解説を加えています．以下，第 2 版において変更した部分を紹介します．まず，C++ の使い方についての説明を増やしました．本書では，C++11 以降で登場した技術（配列 vector など）を使用しています．文字列 string や stream の使い方も他のプログラミング言語との差異を感じています．限られた紙面の範囲ではありますが，より丁寧に説明するようにしました（2 章）．また，行動ログデータの解析（7 章）では，推薦技術について紹介する手法の説明を増やし，プログラムも手法の特徴を活かすように改善しました．8 章ではトピックモデルの記述を新しくしています．

　最後に，初版および第 2 版を出版したときと変わらず，学生に教えることは，教わることと感じております．教えることを通して，技術の理解度が高まり，説明の不具合に気づくことが多いのです．また，技術に詳しい方々とのディスカッションは，さまざまなことを気づくきっかけになっています．これらのことに対し，感謝の意を表します．新たに気づいたことは，本書および講義に活かしたいと思います．本書の出版に関しては，ムイスリ出版の橋本豪夫様にお世話になりました．関係する多くの方々に感謝いたします．

2024 年 10 月

著　者

はじめに

　本書は，データ解析を学ぶ学生および実践者のための理論と実際の解析について解説・紹介します．具体的には，主にデータマイニングのための基礎理論の解説と，データ解析演習を用意しました．データ解析は，計算機操作と結びついていますから，計算機スキルは理論と同様に重要です．本書のデータ解析演習は，もちろん計算機スキルを養うことを狙いとしていますが，抽象的な理論（数式）の理解にも役立つと思います．なお，本書を読むうえでの事前知識は，多少の数学知識（$\sum$ 記号を含む数式が読める）とプログラムの基礎知識（for 文と配列を知っている）です．

　実際の解析をはじめる前に，データ解析環境として Linux，プログラミング言語として C++ についての基本的な操作や操作手順などを説明する章（2 章）を設けています．この説明は，内容を必要最低限に絞り込みました．なお，計算機スキルの修得には繰り返しの練習が必要ですから，後の章で解析演習を行うときに，振り返って復習してください．また，演習（比較実験）をするうえで必要な検定（t 検定など）について，考え方と手順を示しました．こちらも必要になるたびに読み返してください．

　解析演習においては，必要なプログラムのソースコード，コンパイル方法，実行例を示しました．解析プログラムは，基本的あるいは現実の場面で使えることを考えて選び，ソースコードを理解するための文法説明を加えています（網羅性よりも，短時間で解析がはじめられることに重きをおきます）．また，このソースコードは，数式の理解を助けることを意図しています．したがって，数式に対応する部分をブラックボックスにすることはありません．手軽に解析を試したい人にとっては遠回りに見えると思いますが，コードは数十行以内にとどめていますので，ぜひ一度は遠回りをしてください．付け加えると，解析プログラムはデータの読み込みなど，泥臭い部分も重要です．実際に，自分で解析プログラムを作成する場合，データ入出力部分が障壁になりがちです．一例ではありますが，参考にしてください．

　5 章では，確率論を基本から説明し，紙と鉛筆を使う演習を用意しました．続いて，ナイーブベイズ分類器の例を用いながら，データ解析が「モデルを用い

て，データの背後にある特徴や関係を明らかにする」ことを示します．6 章以降では，行列演算ライブラリ Eigen を紹介し，特徴変換（6 章），「行動ログデータの解析」（7 章），および「文書データの解析」（8 章）について解説します．行列表現を使うことで，データ表現や複雑な処理が見通しよく記号化されることを学んでください．また，Eigen を利用することで，数式に近い形でプログラムのソースコードが書けることを感じて頂きたいと思います．

　本書で紹介する解析手法は，データ解析の一部でしかありません．これは，多くの手法を網羅的に知るよりも，必要最小限の項目を使いこなせようになることが，より重要と考えるからです．最小限といいましたが，クラスタリング，分類，確率論，確率モデルなど，より難しい問題を理解するうえで基礎となる概念を揃えています．本書が，より高度な知識やスキル獲得のきっかけになることを望みます．

　講義（ゼミナール，通信教育）を受けてくれた学生からも貴重なご指摘を頂きました．出版に関しては，ムイスリ出版の橋本豪夫様にお世話になりました．これら多くの方々に感謝の意を表します．

2015 年 12 月

著 者

目次

第1章	さまざまなデータ解析	1
1.1	データ解析とデータマイニング	1
1.2	データマイニングの Top10 アルゴリズム	3

第2章	データ解析のための基本操作	5
2.1	Linux のファイル構造と基本操作	5
2.2	エディタ emacs	11
2.3	C++ プログラミング	14
2.4	gnuplot によるグラフの描画	27
2.5	データ操作に有用なコマンド	28
2.6	検定	29
2.7	演習のための計算機環境構築	40

第3章	クラスタリング	41
3.1	クラスタリング	41
3.2	平方和最小基準クラスタリング	42
3.3	k-means アルゴリズム	51
3.4	クラスタリングとベクトル量子化	58
3.5	平方和の性質	59
3.6	競合学習	60
3.7	さまざまなクラスタリング基準	65

| 第4章 | 識別関数の学習 | 67 |

4.1	識別関数の学習	67
4.2	パーセプトロン	68
4.3	教師あり学習の性能評価	76
4.4	さまざまな識別関数について	77

第 5 章　確率論と確率モデル　79

5.1	事象と確率	79
5.2	条件付き確率とベイズの定理	81
5.3	ナイーブベイズ分類器	84
5.4	現象（観測値）とモデル	100
5.5	平方和最小基準クラスタリングの別な見方	101
5.6	「確率の対数」を使うことについての補足	104

第 6 章　特徴変換　105

6.1	特徴ベクトルの行列表現	105
6.2	主成分分析	110
6.3	判別分析	124
6.4	本章のまとめ	130

第 7 章　行動ログデータの解析　131

7.1	疎行列の表現	131
7.2	レコメンド技術（その 1）	137
7.3	映画に対する評価データの解析	138
7.4	レコメンド技術（その 2）	156

第 8 章　文書データの解析　159

8.1	文書データ	159
8.2	文書データのクラスタリング	165
8.3	クラスタリングの評価について	181
8.4	競合学習によるクラスタリング	189
8.5	トピックモデルによる解析	194
8.6	文書データの分類	201

8.7	文書データ解析のまとめ	206

付録 A	演習問題解答例と各種データ	207

付録 B	参考ソースコード	229
B.1	3 章より	229
B.2	6 章より	231
B.3	7 章より	232
B.4	8 章より	235

参考文献	239

索引	244

　本書に記載されている企業名・製品名は，各社の商標あるいは登録商標です．本文中では商標・登録商標の表示を省略しています．
　ダウンロードなどによって生じたいかなる損害など，また，使用および使用結果などにおいていかなる損害が生じても，筆者および小社は一切責任をおいません．あらかじめご了承ください．

第1章
さまざまなデータ解析

1.1 データ解析とデータマイニング

　この章では，世の中で行われているさまざまなデータ解析を俯瞰して，本書が主に対象とするデータマイニングとは何かについて説明します．

　データ解析を表す言葉として，**統計解析**，**多変量解析**，および**データマイニング**があります．厳密な定義は難しいのですが，これらの言葉により，データ解析を分類することができると考えます．まず統計解析について説明します．統計学と関わりが無いデータ解析はありませんが，「統計解析」という言葉は，統計学との関係がより強く，統計学を直接適用して結果を得るような解析に対して使われることが多いといえます．例えば，1次元データの代表値である平均や散らばり具合である分散を求めること（**記述統計学**），母集団から抽出した標本から母集団の性質を推測すること（**推測統計学**），信頼区間の推定や検定を行うこと，などです．統計解析では，手法や薬の有効性を示すために，それが行えるだけの事例を収集して仮説を検証するという**検定**が大きな柱の1つになっています．この場合，データサイズは小さく，その解析にはさまざまな機能が揃った統計解析ソフトウェアが適しています．

　多変量解析は，**複数の変数（変量）を同時に解析する**という意味で，一般的な統計解析よりも複雑な解析です（なお，多変量解析は統計解析の一部です）．例えば，重回帰分析，主成分分析，判別分析，クラスター分析（＝クラスタリング），などが含まれます．これらは，データマイニングにおいてもよく用いられます．データ量は，非多変量解析に比べて大きくなりますが，統計解析ソフトウェアで十分なことが多いといえます．

　一方データマイニングは，多変量解析など統計解析を用いることも多いので

すが，それだけにとらわれず，**優れた解（結果）を得るためにさまざまな工夫**を行います．一連の工夫，解析アルゴリズム，あるいは手法には名前が付けられ，多くの場合，**機械学習**分野の研究と関係しています．また，データマイニングは，埋もれている知識を掘り起こして見つけるという，**発見**的なニュアンスを含む言葉です．一般の「統計解析」では，あらかじめ明らかにしたい仮説が存在し，**仮説を検証する目的でデータを収集します**ので，**データ先にありき**で，何を導けるか自体の検討も必要なときに，この言葉がよりふさわしくなるでしょう．さらに，少量では価値を持たなくても，大量に集めると価値が生まれるようなデータから，知識を取り出すという概念とも近いといえます．このように大量のデータ集合から知識を取り出して活用することに対しては，**集合知**（Collective intelligence）という言葉がよく使われます．データマイニングは，**大規模なデータ**を主な解析対象としています．

　データマイニングが解析対象とする大規模なデータの例としては，文書や消費行動ログがあります．文書はインターネット上，あるいは組織において大量に蓄積されています．大量なだけではなく，使われている単語の種類が万のオーダーとなるため，高次元データでもあります．後者の消費行動ログとは，電子商取引における消費や閲覧行動のログのことで，レコメンドなどに使われています．こちらも，消費者数と商品数を考えると膨大なデータになります．これらのように，大量かつ高次元のデータを扱うには，大規模な行列演算が行える計算機環境やプログラミング言語などが必要になり，統計解析ソフトウェアでは不十分なことがよくあります．そして，データの量，計算機の能力，ソフトウェアの進化，などにより状況は変化していきます．したがって，データマイニングにおいては，解析目的に応じて，**十分な処理能力を用意すること**，計算の方法自体を工夫すること，などが求められます．先を見通すことはできませんが，データ解析の計算に適したコンパイラ系のプログラミング言語（例えば C++）の修得と，大規模な行列演算を高速に行うための手段を持つことが，まずは重要と考えます．本書では扱いませんが，計算の工夫には，複数の計算機で分散処理を行うことや，GPU（Graphics Processing Unit）という計算機の画像処理用のプロセッサを使うことも含まれます．最後にもう1つ，データマイニングにおいてよく用いられるのが，ベイズ統計学です．一言でいえば，事前確率（あらかじめわかっている，起こりそうな確率）を考慮する統計学です．5章でも説明します

が，「結果から原因を推定する」際の基本となります．

本書は，主にデータマイニングを行うためのデータ解析入門書です．より難しい問題を理解するうえで基礎となる，クラスタリング，分類，確率論，確率モデルについて解説します．なお，本書は，統計学・統計解析の知識を前提としていません（本書の説明に必要な場合は，その部分について解説します）．しかし，統計学・統計解析はデータ解析の基本なので，そのための専門の本を用意し，並行して修得することをお勧めします．

1.2 データマイニングの Top10 アルゴリズム

データマイニング分野における TOP10 アルゴリズム（投票により選出）が，2006 年の IEEE International Conference on Data Mining (ICDM) において発表されました [51]．発表されてから時間が経ちましたが，その当時，過去に遡って選出されたアルゴリズムは，今でも重要なものが多いと考えます．

- (1)**C4.5**(61 votes)
- (2)**k-means**(60 votes)
- (3)**SVM**(58 votes)（サポートベクターマシン）
- (4)**Apriori**(52 votes)
- (5)**EM**(48 votes)
- (6)**PageRank**(46 votes)
- (7)**AdaBoost**(45 votes)
- (7)**k-NN**(45 votes)
- (7)**Naïve Bayes**(45 votes)
- (10)**CART**(34 votes)

このリストを見ると，クラスタリングと分類に関するアルゴリズムが多数を占めていることがわかります．データマイニングにおいて，この2つの技術は使用頻度が高く，最初に理解すべきです[*1]．クラスタリングは {k-means, EM}，分類は {C4.5, SVM, AdaBoost, k-NN, Naïve Bayes, CART} です．クラスタ

[*1] 統計解析や多変量解析の使用頻度も高く，同様に重要です．多変量解析もデータマイニングの重要な手段です．

リング（3章で説明します）は，**類似したデータをクラスタとしてまとめる**アルゴリズムで，分類（4章と5章で説明します）は，クラスラベルが付与された学習パターンを使って，**未知のデータを分類するための分類器を学習する**アルゴリズムです．これら以外の2つは，マーケティング分野において「オムツとビールが同時に買われることを発見した」ことで有名なApriori（頻出パターン列挙アルゴリズム）と，「Webページのグラフ構造を解析して検索の順位を決定することに使われている」ことで有名なPageRank（グラフマイニングアルゴリズム）となります．

　上記がアルゴリズムのすべてではありませんが，これらアルゴリズムのいくつかを，**その原理も含めて理解し，使いこなせるデータ解析者**が求められています．解析ソフトウェアを使えば，これらアルゴリズムを試すのは，比較的容易だと思います．しかし，使いこなすには，原理から理解することが必要です．本書では，クラスタリングアルゴリズムのk-meansと，分類器のナイーブベイズ（Naïve Bayes）について，数式，プログラムのソースコード，実験用のデータを用意しました．原理を理解して使いこなせるようになることを目指します．

第 2 章
データ解析のための基本操作

　この章では，データ解析を進めるうえで必要となる基本操作，Linux のコマンド，C++ コンパイラ g++（GNU Compiler Collection version6.1 以降の C++），エディタ emacs，グラフ描画ツール gnuplot の使い方を紹介します．また，後の章で行う演習（比較実験）をするうえで必要な検定（t 検定など）について，考え方と手順を示します．

2.1 Linux のファイル構造と基本操作
2.1.1 ファイル構造

　Linux に限らず，Windows などの一般的な OS では，木構造を持ったディレクトリがあり，そのディレクトリ（あるいはフォルダ）内にいくつかのファイルが存在します（**図 2.1** 参照）．Linux（あるいは Unix）が WindowsOS と違うのは，すべてのファイルが**ルートディレクトリ**（/）配下にあり，ドライブという概念がないことです．また，いくつかの階層を経てファイルやディレクトリ（ディレクトリもファイルの一種です）を表す場合に，ディレクトリ間のセパレータ（区切り文字）として（/）を用いる点も WindowsOS とは違います．ところで，ファイルやディレクトリに到達する道筋のことを**パス**とよび，道筋を表すことを**パスを指定する**といいます．

　今，**端末**（ターミナル）を開き，その中で何らかの作業をするとします．そのとき，現在いるディレクトリを**カレントディレクトリ**とよび，記号では（.）で表します．そしてログイン直後のカレントディレクトリを**ホームディレクトリ**とよび，記号ではチルダ（~）を使って表します．また，ディレクトリ構造において，カレントディレクトリの直上のディレクトリを**親ディレクトリ**とよび，記号

では（..）と表します．これらの記号はパスの指定などでよく使われます．

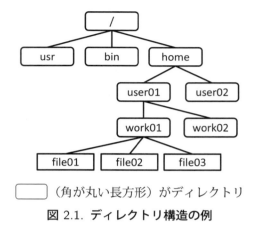

図 2.1. ディレクトリ構造の例

2.1.2 基本操作

ここで，基本的なコマンドをいくつか紹介します．以下では，ログインするためのユーザ名が "user01" であるとしますので，異なる場合は適宜読み替えてください．最初は，現在いるディレクトリ（カレントディレクトリ）を知るコマンド pwd です．このコマンドは

```
pwd Enter
```

のようにして実行します．ここで Enter は "Enter" キーを押すという意味です（以下省略）．端末を開いた直後は，ログイン後のカレントディレクトリであるホームディレクトリ（~）にいますので，そこで実行すると，

```
$ pwd
/home/user01
$
```

のように表示されます．この "/home/user01" はカレントディレクトリを**絶対パス**で表しています．**絶対パス**とは，ルートディレクトリ（/）から対象となる

2.1 Linuxのファイル構造と基本操作

ファイル（ディレクトリもファイルです）へたどり着く道筋のことです．次に，ディレクトリを作成するコマンドはmkdirで，例えば

```
mkdir work01 work02
```

とすると，図2.1のようにホームディレクトリ直下にwork01とwork02ができます．なお，ディレクトリを削除するコマンドは，rmdirです．

次は，ファイル一覧を表示するコマンドlsです．実行すると，

```
$ ls
work01 work02
$
```

のように，今作ったディレクトリなどが示されるでしょう（文字$は入力不要）．なお，引数としてディレクトリ名（ディレクトリへのパス）を指定することができます．カレントディレクトリを表示する"pwd"コマンドと，ファイル一覧を出力する"ls"コマンドは，現状把握のためによく使います．

さて，ディレクトリを移動するコマンドはcdです．work01への移動は

```
cd work01
```

とします（pwdコマンドで，移動できたか確認できます）．引数に指定しているディレクトリ名（work01）は，カレントディレクトリからの**相対パス**です．相対パスとして，親ディレクトリ(..)を指定することもできます．例えば，"cd .."は親ディレクトリへ，"cd ../work02"は親ディレクトリの下にあるwork02（図2.1参照）へ移動するという意味になります．一方，相対パスの代わりに絶対パスを指定する場合は，

```
cd /home/user01/work01
```

あるいは"cd ~/work01"とします．チルダ(~)はホームディレクトリ(/home/user01)を表しますので，このように書くことができるわけです．なお，引数なしの場合は，ホームディレクトリ(~)へ移動します．

今度は，ファイル操作コマンドについて説明します．準備として，説明用のファイル作成のため，コマンド date を紹介します．実行すると，

```
$ date
2024年  9月  9日 月曜日 11:27:38 JST
```

のように，日時が出力されます．この出力をリダイレクト（">" を使う）する（出力先を換える）と，出力内容を書き込んだファイルが作成できます．例えば，

```
date > file01
```

とします．これにより，先ほどのような日時情報が書かれた "file01" というファイルが作成されます．リダイレクトにおいて ">" の代わりに ">>" を使うと，出力内容がファイルの最後に追記されます．一方，">" を使ったときは，ファイルに何か書かれていてもすべて消され，上書きされます．

ファイルの内容を表示するコマンドは，more です．

```
more file01
```

とすると，file01 の内容が表示されます．また，コピーコマンドは cp です．

```
cp file01 file02
```

のように使います．これで，file01 と同じ内容のファイル file02 ができます．ここで，ファイルを連結して出力するコマンド cat とリダイレクトを使って，別のファイルを作成してみます．実行例は，

```
cat file01 file02 > file03
```

です．これで，file01 と file02 を連結した内容が file03 に書かれます（リダイレクトをしなければ，連結した内容が表示されます）．

次は，移動やファイル名変更のためのコマンド mv です．ファイルの移動は，

```
mv file03 ../work02
```

2.1 Linuxのファイル構造と基本操作

のようにします．これにより，ファイル file03 は，ディレクトリ work02 の下に移動します（"ls ../work02" で確認できます）．続いて，

```
mv ../work02/file03 .
```

とすれば，そのファイルはカレントディレクトリ（.）に戻ります．また，ファイル名の変更は，

```
mv file03 file04
```

のようにします．これで，file03 のファイル名が file04 に変更されます（ディレクトリ名の変更も同様にできます）．ファイルの削除コマンドは rm です．

```
rm file04
```

とすれば，ファイル file04 が削除されます（オプション "-r" とディレクトリを指定すると，ディレクトリとその配下のファイルすべてが削除されます）．コマンドのマニュアルは，コマンド "man **コマンド名**" により表示できます．

最後に，便利な機能を紹介します．まずは "**補完**" です．これはコマンド名，パス名，ファイル名などを入力するとき，つづりの途中で "Tab" キーを押すと，残りの部分を補完する，あるいは候補を表示する，という機能です．もう1つは，"コマンド列"（コマンド＋引数など）の履歴の利用です．過去に実行したコマンド列は履歴に保存されており，コマンド history で見ることができます．また，この "コマンド列" を呼び出して編集し，再利用することができます．端末にコマンドが入力できる状態であれば，Ctrl-p や Ctrl-n で過去のコマンド列を呼び出せ，Enter キーを押せばコマンドを実行できます．ここで，"Ctrl-" は Ctrl-キーを押しながら，もう1つのキーを押すという意味です．なお，コマンド列を編集する操作は，次節に説明する emacs と似ており，表 2.1 の 2-3 段目（移動と削除）などが使えます．

演習問題 2.1：コマンド操作演習

　実際に，下記に示した順番でコマンド操作を行ってみましょう（いずれもコマンド入力後，Enter キーを押すことでコマンドが実行されます．なお，「ドルマーク "$" は入力しない」ので注意してください）．カッコ内はコマンドの説明です．

1. `$ cd` （ホームディレクトリへの移動）
2. `$ pwd` （カレントディレクトリの表示）
3. `$ mkdir world` （ディレクトリ world の作成）
4. `$ cd world` （ディレクトリ world への移動）
5. `$ pwd` （カレントディレクトリの表示）
6. `$ ls` （カレントディレクトリのファイルリスト（空）の表示）
7. `$ mkdir work01 work02` （ディレクトリの作成）
8. `$ ls` （カレントディレクトリのファイルリスト [work01 work02] の表示）
9. `$ cd work01` （ディレクトリ work01 への移動）
10. `$ pwd` （カレントディレクトリの表示）
11. `$ date` （現在の日時の表示）
12. `$ date > file01` （現在の日時をリダイレクトしてファイル file01 作成）
13. `$ cp file01 file02` （file01 を file02 へコピー）
14. `$ ls` （カレントディレクトリのファイルリスト [file01 file02] の表示）
15. `$ more file02` （file02 の中身の表示）
16. `$ mv file02 file03` （ファイル名の変更 file02 → file03）
17. `$ ls` （カレントディレクトリのファイルリスト [file01 file03] の表示）
18. `$ mv file03 ../work02` （ファイル file03 の移動）
19. `$ ls` （カレントディレクトリのファイルリスト [file01] の表示）
20. `$ ls ../work02` （ディレクトリ ../work02 のファイルリストの表示）
21. `$ rm file01` （ファイル file01 の削除）
22. `$ ls` （カレントディレクトリのファイルリスト（空）の表示）
23. `$ cd` （ホームディレクトリへの移動）
24. `$ pwd` （カレントディレクトリの表示）

2.2 エディタ emacs

ここで，プログラムのソースコードやデータファイルの作成に便利なエディタ emacs（本節をスキップしても先に進めます）の使い方を紹介します[*1]．例えば，"prog1.cpp" というファイルを編集（新規作成も含む）する場合は，

```
emacs prog1.cpp &
```

としてください．この "&"（アンパサンド）を付けると，コマンドは**バックグラウンド**で実行されます．このようにすると，端末で次のコマンドを入力できるようになります（アンパサンドなし，つまり**フォアグラウンド**で実行すると，emacs が終了するまで次のコマンドを入力できません[*2]）．

前述のように emacs を起動すると，新たなウィンドウが現れます．その中で，編集画面を "バッファ" とよび，その下のグレーに反転したところ（ファイル名や行情報などが表示される）を，モードラインとよびます．さらにその下にある行は，ミニバッファ（入力したコマンドや引数などが表示される）といいます．

なお，テキストの入力以外に，覚えるべきキー操作があります．**表 2.1** に一部を抜粋しました．最初に覚えるべきなのは，最上段と2段目の「移動」と3段目の「削除」に関するコマンドでしょう．表中，"Ctrl-" は Ctrl-キーを押しながら，"Alt-" は Alt キーを押しながら，別のキー押す意味です（ミニバッファに，"Ctrl-" が "C-"，"Alt-" が "M-" と表示されるので確認してください）．また，"<" や ">" の入力には，Shift キーも必要です．まずは慣れてください．打ち損なうなど，困ったら "Ctrl-g" を押しましょう．また，日本語の入力モードの起動と解除は，多くの場合 "Ctrl-¥" キーに設定されています．

入力ができるようになったら，次に覚えるべきは，カット＆ペーストです．最初は，行削除とペーストの組み合わせによる方法です．

1. 移動させたい行を "Ctrl-k" で削除する．削除した内容はカットバッ

[*1] マウスがなくても使えます．慣れればその方が作業効率が高くなります．
[*2] "&" は必須ではありません．なお，emacs を端末内で使う方法も有用で，そのときはオプション "-nw" を付けて起動します（注意："&" はなし）．

ファに入ります.
2. 移動先にカーソルを移動してから "Ctrl-y" で貼り付ける.

次は，領域（マークとカーソル位置間）を指定した複製（移動）です.

1. 複製（あるいは移動）する領域の先頭にカーソルを移動して，"Ctrl-space"（space はスペースキー）により，マークをセットする.
2. 領域の末尾の次までカーソルを移動し，複製する場合は "Alt-w"（削除しない），移動する場合は "Ctrl-w"（削除する）とする．指定した領域（反転あるいは背景が濃い範囲）の内容はカットバッファに入ります.
3. 複製（移動）先にカーソルを移動してから "Ctrl-y" により貼り付ける.

なお，領域の指定は，末尾にマークをセットするところからも，はじめられます.

検索と置換もよく使います．カーソル位置以降にある文字列を検索（前方検索）するときは，"Ctrl-s" を入力します．すると，ミニバッファに

```
I-search:
```

と表示されるので，検索文字列を入力します．その後，"Ctrl-s" を押すたびに，検索箇所へカーソルが移動します．そして検索対象が尽きると "Failling I-search:" が表示されます．カーソル位置以前にある文字列を検索（後方検索）するときは，"Ctrl-s" の代わりに "Ctrl-r" を使います.

文字列の置換は下記のような手順になります.

1. "Alt-%"（"%" の入力には Shift キーも必要）を入力します.
2. ミニバッファで，置換対象の文字列と置換後の文字列を入力するよう促されるので，それぞれの文字列を入れて Enter キーを押します.
3. 置換対象の文字列に順次カーソルが移動するので，置換する場合は space キーを，置換しない場合は "n" キーを入力していきます.

上記の次に覚えることは，複数のファイルを複数のバッファで開き，バッファ間を行き来しながら作業をすることでしょう．例えば表 2.1 の最下段のコマンド群などを使います．ここから先は，自分で調べてください.

2.2 エディタ emacs

表 2.1. emacs のコマンド

コマンド	説明
Ctrl-g	コマンド取り消し
Ctrl-x Ctrl-s	ファイルのセーブ
Ctrl-x Ctrl-c	Emacs の終了
Ctrl-/	最後の操作の取り消し（Undo）
Ctrl-p	前の行へ移動 (previous)
Ctrl-n	次の行へ移動 (next)
Ctrl-b	カーソル左移動 (back)
Ctrl-f	カーソル上移動 (forward)
Ctrl-a	コマンド列の先頭へ移動
Ctrl-e	コマンド列の末尾へ移動
Alt-<	バッファの先頭へ移動
Alt->	バッファの末尾へ移動
Ctrl-d	カーソル位置にある文字を削除
Ctrl-k	カーソル位置から行末までを削除
Ctrl-space	範囲の開始位置を指定
Ctrl-w	指定範囲のカット（カットバッファへ）
Ctrl-y	カーソル位置にカットバッファの内容を貼り付ける
Alt-w	指定範囲のコピー（カットバッファへ）
Ctrl-s	文字列の検索
Ctrl-r	文字列の検索（逆方向）
Alt-%	文字列の置換 (y で置換，n でそのまま)
Ctrl-x Ctrl-f	ファイルを開く
Ctrl-x 4 f	別バッファでファイルを開く
Ctrl-x o	次のバッファに移動する
Ctrl-x k	バッファ名を指定してバッファを閉じる
Ctrl-x 0	現在のバッファを閉じる
Ctrl-x 1	現在のバッファ以外を閉じる
Ctrl-x q	現在のバッファの書き込み禁止モード設定／解除

2.3 C++ プログラミング

プログラミング言語は多数ありますが，C++ はデータ解析に適した言語の 1 つだと思います．その理由としては，

1. 高速（コンパイラ言語．OpenMP に対応し，複数コアの利用が容易）
2. 優れた乱数が標準で利用可能
3. Lapack や Eigen などの行列演算ライブラリが利用可能

があげられます．また，C 言語的な記述も可能ですが，むしろ C 言語特有の機能（ポインタなど）を避けて使えるので，楽です．オブジェクト指向的な記述も可能ですが，使わなくても構いません．このように，使い方を限定すれば，短期間で使えるようになります．そして，限定しても「ソースコードを通して解析アルゴリズムを理解したり，自分のアイデアを表したりする」という用途には十分使えます．以上から，データ解析を用途とする場合，C++ は適していると思います．

2.3.1 コンパイルと実行

プログラミングは，次のサイクルを繰り返します．

1. ソースコードの作成・修正
2. コンパイル
3. 実行

最初に，ファイル名の拡張子に ".cpp" を付けてソースコードを作成してください．エディタとして emacs を使用している場合は，C++ に合わせた動作をします（ステータスバーに "C++" が表示されます）．コンパイルとは，コンパイラでソースコードを解釈して実行形式（ファイル）に変換することです．本書執筆時，C++23 がリリースされており，オプションを指定すれば使えます．この本では，デフォルトが C++17 規格である g++（version11.1 以降）を使うこととします．この規格では，優れた**標準ライブラリ**が利用できます．例えば，今ソースコード "prog1.cpp" があるとしたとき，コンパイルの実行例は，

2.3 C++ プログラミング

```
g++ prog1.cpp -o prog1
```

です．これにより，実行ファイル "prog1"（＝コマンド）が生成されます．カレントディレクトリにできたコマンドの実行は，

```
./prog1
```

とします．"./" はカレントディレクトリ (.) 下にあるという意味で，"./prog1" は実行ファイル（＝コマンド）へのパスを表しています．

ここで，**ジョブ管理**の話をします．コマンドによって進行中の処理を**ジョブ**といいます．上記のようにコマンドを実行すると，prog1 のジョブはフォアグラウンドで実行されます．もし，いつまでも処理が終わらない場合，端末からの操作で処理を終了したり，停止したりすることができます．終了は "**Ctrl-c**"，停止は "**Ctrl-z**" です．操作をすると，それぞれ "^C"，"^Z" と表示されます．停止したジョブは，"**fg**" あるいは "**bg**" コマンドにより，それぞれフォアグラウンドあるいはバックグラウンドで再開できます．なお，バックグラウンドで再開した場合，次のコマンドが入力できる状態になります．実行例は，

```
$ ./prog1
^Z
[1]+  停止                  ./prog1
$ bg
[1]+ ./prog1 &
$
```

です．ここで表示されている [1] は，**ジョブ番号**を表しています．番号は各ジョブに割り当てられ，コマンド "job" で見ることができます．また，バックグラウンドで実行中のジョブは，コマンド kill で終了させられます．例えば，

```
$ kill %1
[1]+  停止                  ./prog1
$
[1]+  終了しました          ./prog1
```

が実行例です．このように，終了させるジョブを "**%ジョブ番号**" で指定します．

2.3.2 プログラム例

本書で紹介するプログラムを理解するうえで参考になる例を示します．データ解析では，データファイルを指定して読み込み，それを配列に格納することから始めることが多いといえます．その方法に慣れてください．

最初は，端末（＝画面）へ文字列を出力するプログラムです．下記ソースコードを hello.cpp という名前で保存してください．

コード 2.1. 端末へ文字列を出力するプログラム hello.cpp

```cpp
// hello.cpp
#include <iostream>
using namespace std;

int main(){
  cout << "Hello World!" << endl;
}
```

下記のようにコンパイルすると，実行ファイル hello ができます．

```
g++ hello.cpp -o hello
```

実行および実行結果を示します．

```
$ ./hello
Hello World!
```

ソースコードの各行について説明します．1 行目は，コメント行です．ここでは，ソースコードのファイル名を書きました．

2 行目は，使用するライブラリのヘッダの読み込み（＝インクルード）です．

```
2  #include <iostream>
```

ここでは，iostream という入出力ストリームに関するライブラリを使えるようにしており，6 行目の cout がそのライブラリで定義されています．ストリームとは，データを流れ（流れこむのが入力ストリーム，流れだすのが出力ストリーム）としてとらえる考え方です．iostream は，標準入力（通常はキーボー

2.3 C++ プログラミング

ド）や標準出力（通常は端末）とのやり取りをストリームで行う定義をしています．

3 行目は，namespace 名前空間として std 標準ライブラリを指定しています．名前空間が指定されていなければ，名前空間を省略することができません．

```
3    using namespace std;
```

例えば，6 行目の cout（標準出力に対する出力ストリーム）と endl（改行）は，std 標準ライブラリで定義されているので，下記のように std:: を付ける必要が出てきます．これを省略可能にするのが名前空間指定の役割です．名前空間が異なれば，同じ名前の定義が存在し得るので，名前がバッティングしないように注意が必要です．本書では，原則，見やすさのために名前空間として標準ライブラリを指定します．

```
6        std::cout << "Hello World!" << std::endl;
```

5-7 行目の int main(){ }は，main() という特別な関数を定義しています．プログラムを実行すると，main() 関数がよばれて，{ }で囲まれた範囲（**ブロック**とよぶ）が上から順番に実行されます．6 行目は，文字列"Hello World!"と改行 endl を，記号<<により順番に標準出力へ出力する cout へと送り出しています．なお，クォテーション「"」は出力されません．例のように，記号<<は続けて使うことができます．6 行目の「文字列を出力する」ような処理や宣言などの記述を**文**（statement）とよび，その最後にセミコロン; を付けます．

■変数とリテラル

プログラミングには，数値や文字列などを保持し，必要なときにそれを呼び出して使う仕組みが必要です．値や文字列を保持する「入れ物」を**変数**といい，数値や文字列などを直接表現したものを**リテラル**といいます．これらを使ったプログラムの例を示します．次ページのソースコードを variableEx.cpp という名前で保存し，コンパイルして実行ファイル variableEx を作成してください．

実行および実行結果を示します．

```
$ ./variableEx
name:Hana, age:20
名前:花
```

コード 2.2. 変数とリテラルを使うプログラム variableEx.cpp

```cpp
// variableEx.cpp
#include <iostream>
#include <string>
using namespace std;

int main(){
  string name       = "Hana";
  string kanjiName  = "花";
  int    age        = 20;
  cout << "name:" << name << ", age:" << age << endl;
  cout << "名前:" << kanjiName << endl;
}
```

このソースコード使い，変数とリテラルについて説明します．

ソースコード 3 行目は，文字列を入れることができる string 型の変数を使えるようにするため，string というライブラリのヘッダを読み込んでいます．

```
3  #include <string>
```

7,8 行目で string 型の変数として name と kanjiName を宣言しています．宣言部分は「string name」と「string kanjiName」です．変数宣言後は，変数の name に文字列を入れたり（**代入**といいます），変数に入れた文字列を取り出して使うことができます．7,8 行目では，宣言時にイコール記号「=」を使ってそれに続く「"Hana"」を初期値とする**初期化**を行っています．ここで"Hana"は文字列リテラルとよばれるリテラルです．なお，表現している文字列に，範囲を指定しているクォテーション「"」は含まれません．また，宣言の後に代入を行う，

```
string name;
name = "Hana";
```

と書くこともできます．9 行目では，整数型（「int」は整数 integer を意味する）の変数として age を宣言し，数値リテラル 20 で初期化しています．こちらも

```
int age;
age = 20;
```

のように後から代入することもできます．ここまで，変数の宣言と初期化，変数への代入について説明しましたが，左辺を右辺で**初期化**する，あるいは左辺に右辺を**代入**することをイコール記号「=」で表す書き方に慣れてください．

2.3 C++ プログラミング

10,11 行目では，cout（標準出力先）に string 型の変数（name や kanjiName）や整数型の変数 age を出力しています．このように変数に入れたものを取り出して使うことができます．取り出しても変数の中身は変わりません．

■コマンドライン引数

引数とは**プログラムや関数に渡す値のこと**です．main 関数に渡す引数のことを「**コマンドライン引数**」といいます．コマンドラインでは，マウスなどを使わずキーボードからの文字入力によりコマンドを計算機（実際には OS：オペレーティングシステム）に送り，動作させます．このとき，コマンドに追加情報を与えて，さまざまな動作をさせたいことがよくあります．この追加情報が「引数」に相当すると考えてください．さて，ソースコードをコンパイルしてできた実行形式（ファイル）であるプログラム（＝コマンド）が実行されると，main 関数がよばれて実行されます．したがって，コマンドライン引数は main 関数に渡す引数になるのです．コマンドライン引数を使うプログラムの例を示します．下記ソースコードを argEx.cpp という名前で保存し，コンパイルして実行ファイル argEx を作成してください（main 関数の書き方も変わるので注意）．

コード 2.3. **コマンドライン引数を使うプログラム** argEx.cpp

```
// argEx.cpp
#include <iostream>
#include <string>
using namespace std;

int main(int argc, char* argv[]){
  string name = argv[1];
  int    age = stoi(argv[2]);
  cout << "名前は" << name << ", 年齢は" << age << endl;
}
```

実行例および実行結果を示します．

```
$ ./argEx Hana 20
名前はHana, 年齢は20
$ ./argEx Taro 25
名前はTaro, 年齢は25
```

このプログラムは，2つの引数（1番目は第1引数，2番目は第2引数）を取ります．引数によって出力が変わりますので，引数を色々と変えて試してください．このソースコードを使い，コマンドライン引数について説明します．

ソースコード6行目で，main関数の定義を開始しています．`int main()`のカッコ`()`内が引数を取るための宣言です．`argc`は引数の数を，`argv[]`は一連の引数を「文字列の配列として」コマンドラインから受け取ります．

```
6  int main(int argc, char* argv[]){
7    string name = argv[1];
8    int    age  = stoi(argv[2]);
```

7,8行目で引数を取り出し，変数`name`および`age`の初期化に用いています．`argv[1]`が第1引数，`argv[2]`が第2引数を表します．ただし，**コマンドライン引数は文字列**です．そのため，string型の変数`name`には，そのまま代入できますが，整数型（int型）の変数である`age`には，文字列を整数型に変換する関数`stoi()`（"string to integer"が由来）を使って整数型に変換してから代入しています．`stoi()`のカッコ`()`の中に引数である文字列`argv[2]`を入れると，`stoi()`は変換した整数値を返します．その整数値を`age`に代入しています．

■**外部ファイルからの入力**

コマンドライン引数に，外部ファイル名を指定し，そのファイルからデータを読み込むプログラムを紹介します．下記データを`data1d.dat`というファイル名で保存してください．また，次ページのソースコードを`readData.cpp`という名前で保存し，コンパイルして実行ファイル`readData`を作成してください．

```
1.2
2.5
3.1
```

実行および実行結果を示します．

```
$ ./readData data1d.dat
1.2
2.5
3.1
```

2.3 C++ プログラミング

コード 2.4. 外部ファイルからデータを読み込むプログラム readData.cpp

```
1  // readData.cpp
2  #include <iostream>
3  #include <string>
4  #include <fstream>
5  using namespace std;
6  int main(int argc, char* argv[]){
7    string fileName = argv[1];
8    ifstream ifile( fileName );
9    double d;
10   while( ifile >> d ){
11     cout << d << endl;
12   }
13 }
```

ソースコード 4 行目は，外部ファイルとの入出力を行うため，fstream（ファイルストリーム）というライブラリのヘッダを読み込んでいます．

```
4  #include <fstream>
```

7 行目でコマンドライン引数からファイル名 data1d.dat を受け取って変数 fileName に代入しています．この fileName を使い，8 行目で入力ファイルストリーム型（ifstream）であるストリーム ifile を作成（宣言）しています．**入力ファイルストリームを作成することは，ファイルを読み込み可能にする（開く）ことといえます．**入力ファイルストリームは，「**ファイルという大きな樽に取り出し口である蛇口をつけ，コックを開く度に一区切りの文字列を取り出せるようにしたもの**」と考えれば良いでしょう．これを表したのが，図 **2.2** です．

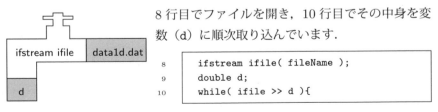

8 行目でファイルを開き，10 行目でその中身を変数（d）に順次取り込んでいます．

```
8   ifstream ifile( fileName );
9   double d;
10  while( ifile >> d ){
```

図 2.2. 入力ファイルストリーム

10 行目では，ファイルストリームからの読み込みと，読み込みが成功したか否かの判断を同時に行っています．これをフローチャートで書くと図 **2.3**（左）

のタグ [1] の処理にあたります．これを分解して表したのが右図です．1回目の読み込みは [2] と [3]，2回目以降は [4] に続いて [3] を行う処理に相当します．

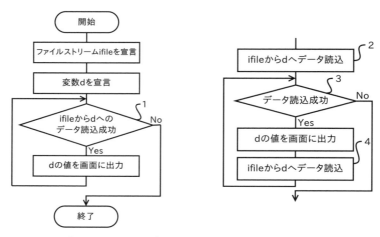

図 2.3. データ読み込みプログラム readData.cpp のフローチャート

■標準入力とリダイレクトを用いた外部ファイルからの入力

前節では，入力ファイルストリームを使って外部ファイルからの読み込みを行いました．Linux には，標準入力（キーボードからの入力などを想定）cin があり，これもストリームなので，入力に使えます（**図 2.4** 参照）．プログラムの例 readDataCin.cpp を示します．6行目「cin >> d」のように使います．

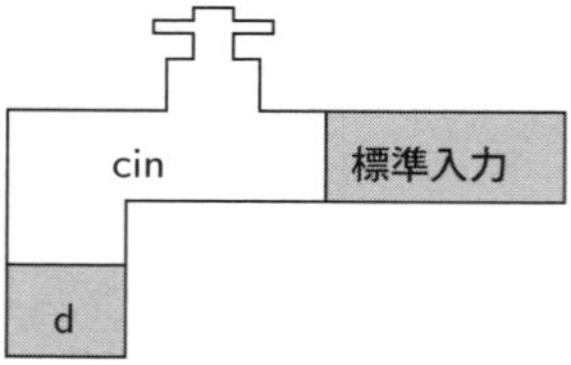

```
1  // readDataCin.cpp
2  #include <iostream>
3  using namespace std;
4  int main(int argc, char* argv[]){
5    double d;
6    while( cin >> d ){
7      cout << d << endl;
8    }
9  }
```

図 2.4. 標準入力からの入力

2.3 C++ プログラミング

実行例を示します．外部ファイルからのリダイレクトは，入力なので標準出力へのリダイレクトとは方向が逆になること"<"に注意してください．

```
$ ./readDataCin < data1d.dat
1.2
2.5
3.1
```

関連して，画面への出力（標準出力）をファイルへリダイレクトするには，

```
$ ./readDataCin < data1d.dat > result.dat
$ more result.dat
1.2
2.5
3.1
```

とします．入出力にリダイレクトを使う方法も知っていてください．

■読み込んだデータの配列への格納

次は，読み込んだデータを配列に格納する readDataVec.cpp を紹介します．

コード 2.5. 外部ファイルから配列に読み込むプログラム readDataVec.cpp

```cpp
// readDataVec.cpp
#include <iostream>
#include <string>
#include <fstream>
#include <vector>
using namespace std;
int main(int argc, char* argv[]){
  string fileName = argv[1];
  ifstream ifile( fileName );
  double d;
  vector<double> vec;
  while( ifile >> d ){
    vec.emplace_back(d);
  }
  for( int i = 0 ; i < vec.size() ; i++ ){
    cout << vec[i] << endl;
  }
}
```

コンパイルして実行ファイル readDataVec を作成してください．実行結果は，

```
$ ./readDataVec data1d.dat
1.2
2.5
3.1
```

となります．ソースコード 5 行目では，配列（ベクトル）を扱うため，vector というライブラリのヘッダを読み込んでいます．

```
5    #include <vector>
```

11 行目では，浮動小数点 double 型の配列 vec を宣言し，

```
11      vector<double> vec;
```

13 行目で，変数 d の値を，配列 vec の最後尾に追加しています．

```
13      vec.emplace_back(d);
```

これをデータの数だけ繰り返すことで，外部ファイルのデータが配列 vec に順次格納されます．配列の長さ（要素数）は，size() というメソッドで取得できます（15 行目の vec.size()）．配列の要素には [添字]（添字は 0 から）でアクセスできます．15 行目以降で，要素の値を画面に出力しています．

```
15      for( int i = 0 ; i < vec.size() ; i++ ){
16        cout << vec[i] << endl;
17      }
```

最後に，データを配列の配列すなわち 2 次元配列に読み込む例を示します．下記データを data2d.dat というファイル名で保存してください[*3]．

```
1.3 2.1
2.2 4.3
3.5 1.1
```

また，次ページのソースコードを read2dDataVec.cpp という名前で保存し，コンパイルして実行ファイル read2dDataVec を作成してください．

[*3] データの次元数（行ごとのデータ数）は，3 次元でも 4 次元でも 2 次元配列に読み込めます．

2.3 C++ プログラミング

コード 2.6. ファイルから 2 次元配列に読み込むプログラム read2dDataVec.cpp

```cpp
// read2dDataVec.cpp
#include <iostream>
#include <string>
#include <fstream>
#include <vector>
#include <sstream>
using namespace std;
int main(int argc, char* argv[]){
  string fileName = argv[1];
  ifstream ifile( fileName );
  string buf;
  vector<vector<double>> vecs;
  while( getline(ifile,buf) ){
    istringstream iss(buf);
    double d;
    vector<double> vec;
    while( iss >> d ) vec.emplace_back(d);
    if( !vec.empty() ) vecs.emplace_back(vec);
  }
  for( int i = 0 ; i < vecs.size(); i++ ){
    for( int j = 0 ; j < vecs[i].size() ; j++ ){
      cout << vecs[i][j] << " ";
    }
    cout << endl;
  }
}
```

実行ファイル read2dDataVec を作成してください. 実行結果を示します.

```
$ ./read2dDataVec data2d.dat
1.3 2.1
2.2 4.3
3.5 1.1
```

1 行に複数のデータがあり，それを 1 つのベクトルとして読み込むには，行ごとに読み込む必要があります．実際に行っているのが 13 行目の `getline` です．

```
13    while( getline(ifile,buf) ){
```

次に，読み込んだ文字列 buf をストリームに変えて，順次読み込めるようにします．そのために，ソースコード 6 行目では，文字列をストリームにする

sstream というライブラリのヘッダを読み込んでいます.

```
6      #include <sstream>
```

14 行目では,文字列 buf から文字列ストリーム iss を作成しています.

```
14          istringstream iss(buf);
```

入力ファイルストリームと同様の方法で,変数(d)に順次取り込み,その値を,配列 vec(16 行目で宣言)の最後尾に追加しています.18 行目では,一行分のデータを格納した配列 vec を,配列の配列(2 次元配列)である vecs の最後尾に追加しています(空行のために vec が空となった場合は追加しません).このようにすることで,配列を要素とする配列(2 次元配列)が作成できます.

```
16          vector<double> vec;
17          while( iss >> d ) vec.emplace_back(d);
18          if( !vec.empty() ) vecs.emplace_back(vec);
```

なお,配列の配列 vecs は 12 行目で宣言しています.

```
12          vector<vector<double>> vecs;
```

本書では,上記の方法を用いてデータを 2 次元配列に読み込んでいます.

2.3.3 Makefile と emacs からのコンパイル

前項では,端末で直にコンパイルコマンドを実行する例を示しましたが,もう少し効率の良い方法を紹介します.最初に,Makefile と make コマンドについて説明します.make コマンドは "make ターゲット"(ターゲットとは「作成対象のファイル」)のように使い,実行時に Makefile を参照します.では,準備として,下記を Makefile というファイル名で保存してください.

```
CXX = g++
CXXFLAGS = -O3
```

上記において,コンパイラは g++ を指定し,オプションの "-O3"(O は大文字のオーです)は高速化の最適化レベルを指定しています(通常は,依存関係などの情報も書きます).例えば(記号$は入力しないでください),

2.4 gnuplot によるグラフの描画

```
$ make readData
g++ -O3   readData.cpp   -o readData
$
```

が実行例です．自動的に readData を作るためのコマンドが実行されます．次は，emacs からのコンパイルです．emacs で readData.cpp を開き，"Alt-x compile" と入力してください．すると，ミニバッファに

```
Compile command: make -k
```

と表示されます．これは，「**コンパイルコマンドを完成させよ**」と促しているので，ここでは "readData" と入れ，Enter キーを押してください．すると make コマンドが実行され，別バッファ内でその経過が表示されます．emacs からコンパイルすることのメリットは，エラーが出たとき，Ctrl-x ` （「`」はバッククォート，「Shift-@」で入力）と入力することで，ソースコード内のエラー箇所に順次カーソルを移動できることです．エラーメッセージを見ながら修正し，次々とエラー箇所へ移動できるので便利です．ところで，"Alt-x compile" と入力するのは大変ですので，下記を "~/.emacs.d/init.el" に書き込み，

```
(define-key mode-specific-map "c" 'compile)
```

"Ctrl-c c" でコンパイルできるようにするのがお勧めです（入れ損なったら落ち着いて，Undo コマンド "Ctrl-/" を実行しましょう）．

2.4 gnuplot によるグラフの描画

グラフ描画ツール gnuplot の使い方を説明します．下記を，data2d.plt というファイル名で保存してください．これを "**gnuplot スクリプト**" とよびます．

```
1  set terminal postscript eps enhanced
2  set size ratio 1 0.6
3  set output "data2d.eps"
4  plot [0:5][0:5] "data2d.dat"
```

実行は，"gnuplot gnuplot**スクリプト**" とします．この例では，

```
$ gnuplot data2d.plt
```

とすると，前項で説明した "data2d.dat" をプロットしたグラフが "data2d.eps"（図 2.5）として出力されます[*4]．"data2d.plt" の各行について解説します．

1. グラフの出力対象を eps に設定
2. 図の縦横比を 1，全体のサイズを 0.6 倍に設定
3. 出力ファイル名を "data2d.eps" に設定
4. x 軸と y 軸の描画範囲を [0,5] とし，"data2d.dat" をプロット

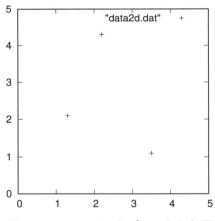

図 2.5. data2d.dat をプロットした図

出力を color にしたり，画像（png，pdf など）にしたりすることもできます．

2.5 データ操作に有用なコマンド

この節で，データファイルの作成や加工の際に有用なコマンド（awk と paste）を紹介します．まず，データファイルから指定カラムを出力する実行例は，

[*4] eps ファイルは，例えば evince というコマンドで開くことができます．

```
$ awk '{print $2}' data2d.dat
2.1
4.3
1.1
```

です．awk は簡易プログラム言語で，'{ }' の間に操作を書き，カラムは"**$カラム**"で指定します．逆に，カラム方向で連結するには paste コマンドで

```
$ paste data2d.dat data1d.dat
1.3 2.1 1.2
2.2 4.3 2.5
3.5 1.1 3.1
```

とします．ここで，"**出力**"の区切り文字は Tab です（オプションにより変更可）．

2.6 検定

　データ解析をするとき，同じ目的を持った処理でも，用いるアルゴリズムによって結果が変わってきます．どちらが優れているのか，新しいアルゴリズムは従来のものより優れているのか，これを確かめないと次のステップに進めません．本書においても，後の章において，「手法 A と B を比較しなさい．」という演習をいくつか用意しており，検定について知らないと，統計的に意味のある比較ができません．そのため，手法の優劣を比較する際によく用いる検定について，考え方の基本と手順などを紹介します．具体的には，t 検定を中心に説明します．すでにご存知の方は飛ばしてください．

　以下では，ある評価値が小さいほど優れているという分析において，乱数系列によって結果が変わる（評価値が変わる）手法 A と手法 B とを比較する場合を考えます（評価値は数値で表される**量的データ**とします）．

2.6.1 標準偏差と標準誤差

　乱数系列はいくらでも作れますから，すべての乱数系列について調べることはできません．そこで，いくつかの乱数系列を用いて両手法を適用して得られる評価値から，すべての乱数系列による評価値を推測することを考えます．この

とき，推測しようとする対象全体（すべての乱数系列から得られる評価値）を**母集団**とよび，それを推測するために入手するサンプル（いくつかの乱数系列から得られる評価値）を**標本**とよびます．このように標本から母集団を推測するための統計学を**推測統計学**といいます．

直感的に，標本の数（これを**標本サイズ**とよぶ）が多いほど，真実に近い比較ができると思われます．数学的には，**大数の法則**として表されます．

■大数の法則

> 標本平均は，標本サイズを大きくすると真の平均に近づく．

ここで，n 個の標本を $x_i (i=1,\ldots,n)$ とすると，**標本平均** $\bar{x}$ と**標本分散** s^2 は，

$$\bar{x} = \frac{1}{n}\sum_{i}^{n} x_i = \frac{x_1 + x_2 + \cdots + x_n}{n} \tag{2.1}$$

$$s^2 = \frac{1}{n}\sum_{i}^{n}(x_i - \bar{x})^2 \tag{2.2}$$

と書けます．s^2 の平方根をとったものを**標本標準偏差** $s = \sqrt{s^2}$ といいます．標本分散は，母集団の分散に比べて小さくなる傾向があり，母集団の分散の推定量である**不偏分散** $\hat{\sigma}^2$ は，

$$\hat{\sigma}^2 = \frac{1}{n-1}\sum_{i}^{n}(x_i - \bar{x})^2, \tag{2.3}$$

のように，$n-1$ で割ります．この $n-1$ は，自由に動ける変数の数という意味の**自由度** df を表します．1つ減っているのは，分散を計算するときに用いる平均 $\bar{x}$ の算出にすべての変数が使われており，その分，自由に動けなくなるからです（変数が1個や2個の場合を考えると納得できるでしょう）．不偏分散 $\hat{\sigma}^2$ の平方根をとった $\hat{\sigma}$ が**不偏標準偏差**です．

ここで，母集団が正規分布に従うという仮定をおきます．したがって，正規分布から大きくはずれるようなデータに対して t 検定を使うのは適当ではありません．この場合，標本平均 $\bar{x}$ は標本のとり方で値が変わりますが，その分布は

正規分布に近くなる（厳密には t 分布）ことが知られており，その散らばり具合である**不偏標準誤差** $\hat{\sigma}_{\bar{x}}$ は，

$$\hat{\sigma}_{\bar{x}} = \frac{s}{\sqrt{n-1}} = \frac{\hat{\sigma}}{\sqrt{n}} = \sqrt{\frac{1}{n(n-1)} \sum_{i}^{n} (x_i - \bar{x})^2}, \tag{2.4}$$

と書けます．式 2.4 は，標本サイズを 100 倍にすれば不偏標準誤差が 1/10 になることを意味します．この感覚は有用で，**大数の法則**が成り立つことを表しています（一方，不偏標準偏差は標本サイズによりません）．

要約すると，**標準偏差**（標本標準偏差）は標本の散らばりを表し，**標準誤差**（不偏標準誤差）は標本平均の散らばりを表します．これらの用語は似ていますが全く別物です．注意しましょう．

2.6.2 t 分布と検定統計量 t

実際に，いくつかの乱数系列を用いて A 手法と B 手法を適用し，それぞれ n 個の評価値が得られたとします．前節において，標本平均の分布が正規分布に近くなると説明しましたが，厳密には t **分布**に従います．さらに，標本平均の差や，対応する標本の差も t 分布に従うことが知られています．t 分布は正規分布と似ていますが，自由度 df によって形状が変わり，自由度が大きくなると（≒標本サイズが大きくなると）正規分布により近づきます．文献 [11] は，標本サイズ 30 を大きなサイズ（正規分布に近くなるという意味において）の目安として示しています．

通常，同じ乱数系列を用いて手法 A と手法 B を適用して結果を得た場合，それらは同じ条件下にあることから，**「対応がある」**と考えることができます．最初に，このような対応がある場合について説明します．対応する標本の差（＝評価値の差）$d_i (i = 1, \ldots, n)$ の標本平均 $\bar{d}$ と不偏標準誤差 $\hat{\sigma}_{\bar{d}}$ は，

$$\bar{d} = \frac{1}{n} \sum_{i}^{n} d \tag{2.5}$$

$$\hat{\sigma}_{\bar{d}} = \sqrt{\frac{1}{n(n-1)} \sum_{i}^{n} (d_i - \bar{d})^2} \tag{2.6}$$

となります．式 2.6 は，標本 x_i に対する式 2.4 を，標本の差 d_i に置き換えただけです．標本平均 $\bar{d}$ は，平均 $\mu_{\bar{d}}$, 不偏標準偏差 $\hat{\sigma}_{\bar{d}}$, 自由度 $n-1$ の t 分布に従います．しかし，このままでは分布形状のスケールが決まりません．そこで，これを標準化して検定のための**検定統計量** t （統計量 t, t 統計量とよぶことも多い）へ変換します．この変換は，正規分布の標準化（平均 $\mu=0$, 標準偏差 $\sigma=1$ の標準正規分布への変換）と似ているため，**準標準化**といわれます．

$$t_{\bar{d}} = \frac{\bar{d} - \mu_{\bar{d}}}{\hat{\sigma}_{\bar{d}}} \tag{2.7}$$

この式を見ると，「$\mu_{\bar{d}}$ が未知で良いのか，t から差があることを判断できるのか？」などの疑問が起こると思います．検定は，これらの問題を避け，巧妙な方法で実現されています．次項で，具体的な検定方法を示します．

2.6.3 検定と p 値

前項のように対応がある場合について，手法 A と手法 B の結果を比較する t 検定は，以下の手順で行います（t 分布表（インターネット上でも公開されている）を使う方法です）．手順の説明では，「手法 B が手法 A よりも評価値の平均が小さいが，統計的に意味があるほどの差であるか」を検証する場合とします．

1. **帰無仮説** H_0（手法 A と手法 B の評価値に差がない）と，**対立仮説** H_1（手法 B は手法 A よりも評価値が小さい）を設定する．以下，帰無仮説が成り立つと仮定する．
2. 帰無仮説の下では，手法間に差がないことになるので，式 2.7 において $\mu_{\bar{d}}=0$ として検定統計量 t を算出し，自由度 $df=n-1$ を確認する．
3. t 分布表において，該当する自由度 df の行の p 値 $=0.05$ の統計量 t を読み取り，この t の値よりも計算で求めた t の値が大きければ（実際の p 値は 0.05 未満になる），稀にしか起こらないことが起きたと考え，帰無仮説 H_0 が間違っていたと判断する（すなわち，帰無仮説を**棄却**する）．
4. 帰無仮説を棄却した場合は，対立仮説 H_1 が**採択**され，「有意水準 $\alpha=0.05$ で，『手法 B は手法 A よりも評価値が小さい』といえる．」となる．

この説明において，***p*** **値**は帰無仮説が成り立つとしたときに，観測された結果が起こる確率のことです．また**有意水準**は，どの程度の確率未満であれば，「稀

2.6 検定

にしか起こらないことが起きた」と考えるか，を表します．ここでは有意水準 α として 0.05 を使いましたが，0.01 を使うこともあります．帰無仮説を棄却するか否かの判断の基本は，次の通りです．

■帰無仮説の棄却について

> 帰無仮説が成り立つと仮定したときに，観測された結果が起こる確率を p 値（p-value）とよぶ．これが有意水準 α よりも小さい，すなわち
>
> $\quad p\text{-value} < \alpha$
>
> ならば稀にしか起こらないことが起こったので，帰無仮説が間違えであったと考え，**帰無仮説を棄却する**．これ以外（$p\text{-value} \geq \alpha$）ならば棄却しない．

上記の t 検定の例で説明すれば，「検定統計量が，求めた検定統計量 t 以上になる確率」（これを値が t 以上になる**上側確率**といいます）を「帰無仮説が成り立つとしたときに，観測された結果が起こる確率」すなわち p 値と考えます．しかし，t 分布表を利用する場合，検定統計量 t に対する p 値はわかりません．上記説明のように t 分布表を使うときは，

> 有意水準 α に対する検定統計量 t_α よりも求めた検定統計量 t が大きければ，求めた検定統計量 t に対する p 値について，
>
> $\quad p\text{-value} < \alpha$
>
> が成り立つ．

ことを利用して，検定を行います．t 検定以外でも，同様の考え方が使えます．ここまでは，p 値が有意水準 α よりも小さい場合（$p\text{-value} < \alpha$）について説明しましたが，p 値が α 以上である場合（$p\text{-value} \geq \alpha$）は帰無仮説を棄却できません（帰無仮説を採択する，といういい方もします）．このとき，注意すべきことは，帰無仮説を棄却できないということが，帰無仮説を支持することにはならない点です．検定から強く主張できることがなく，残念な結果といえます．

この説明では,「手法Bが手法Aよりも評価値が少ない」ことを検証するための検定を行いました.これを**片側検定**といいます.一方,「手法Aと手法Bの評価値に差がある」ことを検証する場合は**両側検定**といい,対立仮説もそれに合わせます.両側検定の場合は,検定統計量tが負になり,「検定統計量が,求めた検定統計量t以下になる確率」(これを値がt以下になる**下側確率**といいます)を考慮します.具体的には,$|t|$から求めたp値(片側の分)の2倍をp値とします(両側検定用のp値を直接求めた場合は,そのままにします).また,t分布表を使い有意水準αを0.05とする場合は,t分布表において,該当する自由度dfの行のp値=0.025のtの値を読み取り,このtの値よりも計算で求めたtの値の**絶対値**$|t|$が大きければ,帰無仮説を棄却します.一見すると棄却が難しくなったように見えますが,計算で求めたtあるいは$-t$のいずれかで表中のtの値より大きければ棄却するので,難しさは同じです(勘違いしやすいので,いつもと違う方法で検定を行う際は,注意を要します).片側を使うか両側を使うかは,どんな結論を導きたいかによります.提案手法が従来手法よりも優れることを示す場合は,片側検定を使います.

ここまでは,結果に**対応がある**場合について説明しました.対応がない場合は,標本平均の差を使います.手法Aと手法Bによる標本平均を$\bar{x}_A$と$\bar{x}_B$,不偏標準誤差を$\hat{\sigma}_{\bar{A}}$と$\hat{\sigma}_{\bar{B}}$にしたとき,**帰無仮説**H_0(手法Aと手法Bの評価値に差がない)の下で,検定統計量tは,

$$t_{\bar{A}\bar{B}} = \frac{(\bar{x}_A - \bar{x}_B) - (\mu_{\bar{A}} - \mu_{\bar{B}})}{\hat{\sigma}_{\bar{A}\bar{B}}} \tag{2.8}$$

$$\hat{\sigma}_{\bar{A}\bar{B}} = \sqrt{\hat{\sigma}_{\bar{A}}^2 + \hat{\sigma}_{\bar{B}}^2} \tag{2.9}$$

と書けます.自由度dfについては,両群(手法Aの標本と手法Bの標本)の母分散が等しいときは,両手法の自由度$n-1$を足し合わせた$2(n-1)$になります.これらtと自由度dfを使い,前述の「対応がある」場合の検定と同じ手順で検定を行います.ただし,母分散が等しいかが不明な場合は,等分散を仮定しないウェルチ(Welch)の方法を使うことになります.そのときの自由度dfは,

$$df = \frac{(n-1)\left(\hat{\sigma}_{\bar{A}}^2 + \hat{\sigma}_{\bar{B}}^2\right)^2}{\left(\hat{\sigma}_{\bar{A}}^4 + \hat{\sigma}_{\bar{B}}^4\right)}, \tag{2.10}$$

2.6 検定

となります.なお,標本サイズを両手法で同じ n とした場合,検定統計量 t の値は「等分散を仮定した場合」と同じになります.

ところで,「等分散かどうかわからないときは,まず等分散かどうかの検定を行い,等分散であるという帰無仮説が棄却できないときは,等分散を仮定した t 検定を行い,そうでなければ等分散を仮定しない t 検定を行う」という考え方があります.しかし,棄却できないことは等分散であることを支持しない(等分散かどうかわからない)ので,棄却できるできないに関わらず,等分散を仮定しない t 検定(Welch の方法)を使うべきです[*5].

t 分布表を一度は使ってその使い方を実感してほしいのですが,統計解析ソフト R を使うと p 値を簡単に求めることができます.その例を以下に示します.まず,**表 2.2** のように,手法 A と手法 B の評価値を記述したファイル dataA.dat と dataB.dat を作ります.次に,**表 2.3** のように,t 検定を行うための R スクリプト ttestPair.R と ttestWelch.R を作成します.

表 2.2. 手法 A と手法 B の評価値を記述したファイル例

dataA.dat	dataB.dat
32817.5	24641.8
29660.1	24432.6
29676.6	24454
28904.9	24793.3
29523.9	24663.2

(a) 手法 A の評価値 dataA.dat (b) 手法 B の評価値 dataB.dat

表 2.3. t 検定を行うための R スクリプトの例

```
1  # ttestPair.R
2  x = scan("dataA.dat")
3  y = scan("dataB.dat")
4  t.test(x,y,paired=T)
```

```
# ttestWelch.R
x = scan("dataA.dat")
y = scan("dataB.dat")
t.test(x,y)
```

(a) 対応がある場合 ttestPair.R (b) Welch の方法 ttestWelch.R

[*5] http://okumuralab.org/~okumura/stat/ttest.html(奥村晴彦先生のページ)や http://aoki2.si.gunma-u.ac.jp/lecture/BF/index.html(青木繁伸先生のページ)を参考にしました.(訪問日 2024.09.10)

対応がある場合は，これらファイルがあるディレクトリにおいて，コマンド"R --vanilla --slave < ttestPair.R"を実行すると p-value（p 値）が求まります．このコマンドは，R スクリプトを読み込んで R を実行します．

```
$ R --vanilla --slave < ttestPair.R
Read 5 items
Read 5 items

        Paired t-test

data:  x and y
t = 7.9483, df = 4, p-value = 0.001357
alternative hypothesis: true difference in means is not equal to 0
95 percent confidence interval:
 3591.538 7447.702
sample estimates:
mean of the differences
               5519.62
```

ここで注意すべきことは，これが両側検定の結果である点です．片側検定の場合は，p-value が半分（p-value $= 0.0006785$）になります．$\alpha = 0.05$ とする場合，p-value $< \alpha$ なので，帰無仮説を棄却し，対立仮説を採択します．下記は，対応がない場合です（R では，Welch の方法がデフォルトになっています）．これも両側検定の結果です．

```
$ R --vanilla --slave < ttestWelch.R
Read 5 items
Read 5 items

        Welch Two Sample t-test

data:  x and y
t = 7.9633, df = 4.0777, p-value = 0.001243
alternative hypothesis: true difference in means is not equal to 0
95 percent confidence interval:
 3609.535 7429.705
sample estimates:
mean of x mean of y
 30116.60  24596.98
```

2.6 検定

Rの出力における "95 percent confidence interval"（95% の信頼区間）は，「繰り返し異なる標本を取って信頼区間を計算すると，両群の差を以下の範囲に含むものの割合が 95% になる」ということです[*6]．95% の信頼区間の上限値は，t 分布表において該当する自由度 df の行の p 値=0.025 の t の値を読み取り，これを式 2.7 に入れて求めた $\mu_{\bar{d}}$ の値になります．下限値は，式 2.7 に $-t$ の値を入れて求めた $\mu_{\bar{d}}$ の値になります（Welch の方法では自由度が整数ではなくなるため，t 分布表を使う場合は補間を使って t の値を推測する必要があります）．

演習問題 2.2：R による t 検定の実施

上記に示した，手法 A と B に関する評価値ファイル dataA.dat, dataB.dat, Rスクリプト ttestPair.R, ttestWelch.R を作成し，統計解析ソフトウェア R を用いて，対応がある場合の t 検定，対応が無い場合の t 検定（Welch の方法）を実施しなさい．

最後に，検定に関する用語，**第 1 種の過誤**と**第 2 種の過誤**の説明をします．これらの定義は，

- **第 1 種の過誤**：偽陽性（False positive）ともよぶ．帰無仮説が実際には真であるのに棄却してしまう過誤のこと．有意水準 α の下で，帰無仮説を棄却したとき，それが誤りである確率なので，α 過誤ともよぶ．
- **第 2 種の過誤**：偽陰性（False negative）ともよぶ．対立仮説が実際には真であるのに帰無仮説を棄却しない過誤のこと．この過誤を起こす確率は β で表すことが一般的．

です．α を決めて検定を行うことは，「誤って対立仮説を採択する可能性を制御している」ことを意味します．言い換えれば新手法（手法 B）が従来手法（手法 A）と差がない（有効ではない）のに，差があるという誤った結論が出る可能性を一定にしながら検定を行う，ということです．なお，α と β を同時に小さくすることはできません．α を小さくすれば β が大きくなります．そして，$1-\beta$

[*6] 「両群の差が 95% の確率で以下の範囲に入っている」とはいえない点に注意してください．

を**検出力**とよびます．検出力が高ければ，対立仮説が真であるのを見逃す可能性が少なくなる（検出力が高い）ことになります．検定には，一定の誤りが存在することを覚えておいてください．特にたくさんの検定を行えば，いずれかの検定において誤って対立仮説を採択する可能性が高くなる点は重要です．「多重検定」（いくつもの検定を組み合わせて実施すること．この場合，それぞれの検定で過誤が起こる可能性があり，結果として過誤が起こる確率が高くなります）をする際は，その妥当性が問われます．避けることができる場合は，避けるべきです．それでも必要なときは，問題を十分考慮しながら実施します（そのための手法もあります．十分理解したうえで使ってください）．

2.6.4 符号検定

前項の t 検定は，評価値が量的データの場合に適用でき，母集団が正規分布に従うことを仮定していました．しかし，手法Aと手法Bをアンケートなどを使って評価する場合は，**量的データ**は得られません．例えば，ブラインドテスト（例：食品において，従来品と新製品をラベルを隠して試食してもらい，どちらが美味しかったかをアンケート調査する）で得られる情報は，「どちらが良かったか」という**質的データ**になります．この場合は t 検定が使えませんので，別の検定法を使うことになります．ここでは，対応がある質的データに対して使える，**符号検定**（ノンパラメトリックな検定法）を紹介します[*7]（対応がない場合のノンパラメトリックな検定法としては，ウィルコクソン・マン・ホイットニー検定などがあります）．

符号検定も片側検定（対立仮説を「手法Bの方が優れる」のようにする場合）と両側検定（対立仮説を「両手法には差がある」のようにする場合）があります．以下では片側検定を使って説明します．

今，手法Aと手法Bについてアンケート（手法Aの方が優れる，どちらともいえない，手法Bの方が優れる）を行い，それぞれ m_1, m_2, m_3 個の回答を得たとします．そして，$m_1 < m_3$ なのだが，この差は統計的に有意（有意水準 $\alpha = 0.05$ で，手法Bが手法Aよりも優れている）といえるのかどうかを符号検

[*7] 正規分布のような"分布"を仮定する検定法は**パラメトリック**な検定法とよばれ，仮定しない方法は**ノンパラメトリック**な検定法とよばれます．

2.6 検定

定で確かめます．まず，「どちらともいえない」という m_2 個の回答を除いて考え，全事例数 $n = m_1 + m_3$ と，負事例数 $m = m_1$ を求めます（ここでは，"手法 A の方が優れるという事例" を負事例，"手法 B の方が優れるという事例" を正事例，とよぶことにします）．ここで，

- **帰無仮説**：H_0 負事例と正事例が起こる確率は同じである
- **対立仮説**：H_1 負事例より正事例の起こる確率の方が高い

を立て，帰無仮説の下で，負事例が m 以下となる確率を p 値として求めます．n 回中 m 回以下で成功する組み合わせ数は，

$$\,_nC_0 + {}_nC_1 + \cdots + {}_nC_m, \tag{2.11}$$

と書けます．また，全組み合わせは，2^n 通りです．これらを整理すると，p 値は，

$$p\text{-value} = \sum_{i=0}^{m} {}_nC_i\, p^i (1-p)^{(n-i)} = \sum_{i=0}^{m} {}_nC_i\, p^n, \tag{2.12}$$

と書けます．ここで $p = 1 - p = 0.5$（正負どちらが起こる確率も等しい）としています．なお，両側検定の場合は，正事例数が $m = m_1$ となる場合も考慮に入れ，片側の場合に求めた p 値の 2 倍を p 値とします．

例えば，前節の表 2.2 を使って符号検定（片側）を行ってみます（本来は t 検定をすべき対象です）．

- **帰無仮説**：H_0 評価値が小さくなる確率は両手法で同じ
- **対立仮説**：H_1 手法 B の方が評価値が小さい確率が高い

と考えて，全事例数 $n = 5$，負事例数 $m = 0$ を得ます．これを式 2.12 に入れると p-value $= 0.03125$ が求まり，帰無仮説を棄却し，「有意水準 $\alpha = 0.05$ で，手法 B の方が評価値が小さい確率が高い」ことがいえます．R を使って求める場合は，コマンドライン上で R を起動し，`binom.test(m, n)` と入力することで，p 値を求めることができます．デフォルトは両側検定なので，片側検定の場合は p 値を半分にする必要があります．次コマンドを実行すると，p-value $= 0.0625$（片側検定換算で p-value $= 0.03125$）と出力されます．

```
$ R
> binom.test(0,5)
```

　この結果は，事例数が5個と少ないときは，すべてが成功（失敗）しないと片側検定のときでさえ，p 値が 0.05 未満にならないことを意味します．事例数を 10 個，100 個，1000 個と増やすと，p 値が 0.05 未満になるための成功割合が 50% に近づくのがわかります．ぜひご自身の手で確かめてみてください．これらのことから，「アンケート数が少ないと，強く主張できる結論を得ることは困難である」ことがわかると思います．

演習問題 2.3：符号検定（片側）で有意水準 5% で有意になる条件の探索

　統計解析ソフトウェア R を用い，全事例数 n が 10，100，1000 の場合について，片側検定において有意水準 $\alpha = 0.05$ で帰無仮説（負事例と正事例が起こる確率は同じである）を棄却できる，負事例数 m（対立仮説から見て，失敗に相当する事例の数）の最大値を探索しなさい．また結果について考察しなさい．

2.7　演習のための計算機環境構築

　本書の演習を行うため計算機環境について説明します．失敗してもやり直しができる仮想マシンを使って，環境を構築するのがお勧めです．例えば VirtualBox（Oracle VM VirtualBox）を使えば，WindowsOS や MacOS 上に仮想マシンを作ることができます．この仮想マシンにインストールする Linux のディストリビューションとして，例えば Ubuntu やその派生 OS があります．本書で紹介しているプログラムを実行するには，追加のソフトウェア（C++ コンパイラ，グラフ描画ツール gnuplot，エディタ emacs，行列演算ライブラリ Eigen，統計ソフトウェア R）をインストールしてください．インストール方法は，ディストリビューションに依存します．Ubuntu24.04 であれば，

```
$ sudo apt install g++ gnuplot emacs evince libeigen3-dev r-base
```

のようなコマンドでインストールすることができます．

第3章
クラスタリング

3.1 クラスタリング

　クラスタリングとは，**類似したデータをクラスタ（Cluster：群れ，集団）としてまとめること**です．また，データをクラスタへ**分割**（partitioning）すること，ともいえます．

　クラスタリングのための手法には，大きく分けて**階層的クラスタリング**と**非階層的クラスタリング**があります．前者は，類似するデータを小クラスタとしてまとめ，さらに小クラスタ同士をまとめてより大きなクラスタを形成し，これを繰り返すことでクラスタリングを実現します．後者は，クラスタリングの良さを示す基準（＝目的関数）を設け，最適化問題として "**分割**" を求める方法で，目的関数の最適値を与える分割は "**最適解**" になります．どちらを使うかは，用途次第です．例えば，大規模なデータの場合，計算量の観点から非階層的クラスタリングが適していると考えます．

　非階層的クラスタリングは，前述の「**良さを表す基準**」（＝クラスタリング基準）を変えると，別の切り口（観点）で分割することになり，最適解は変わります．また，組み合わせ数が膨大で最適解の探索が困難なため，普通はその近似解を探索します．そして，同じクラスタリング基準を用いた場合は，同じ尺度（基準）で良さを比較でき，より良い解を短時間で求める手法（アルゴリズム）が，この基準（観点）において「良いアルゴリズム」といえます．以上のことから，非階層的クラスタリングでは，**クラスタリング基準**と**アルゴリズム**（手法）の選択が重要になります．

3.2 平方和最小基準クラスタリング

「**平方和基準**」(Sum-of-Squared-Error Criterion)[*1][15] は，クラスタリング基準の代表例です．この平方和は，より正確には "**クラスタ内平方和**" といい，クラスタごとに求めた**平方和**（＝分散 × クラスタ内のデータ数）を足しあわせたものです．これをなるべく小さくするのを良しとするのが，**平方和最小基準クラスタリング**です．実際にこの基準でクラスタリングを行う例を示します．

クラスタリング対象として，北海道の市（2024 年現在）の位置データ（Hokkaido Cities data）[*2]を用意しました．**表 3.1** の第 2, 3 カラム目を `HokkaidoCities_xy.dat` というファイル名で保存してください．なお，カラム間の区切りは空白（半角スペースやタブ）[*3]にしてください．

表 3.1. Hokkaido Cities Data

札幌市	0.0	0.0	紋別市	160.7	143.9
函館市	-50.3	-140.8	士別市	84.1	124.0
小樽市	-28.9	14.2	名寄市	89.1	143.9
旭川市	81.2	78.4	三笠市	41.9	20.3
室蘭市	-30.6	-81.6	根室市	339.8	29.6
釧路市	243.3	-8.5	千歳市	23.8	-26.4
帯広市	148.0	-15.1	滝川市	44.7	54.8
北見市	204.2	82.1	砂川市	44.1	47.8
夕張市	49.8	-0.5	歌志内市	54.7	50.8
岩見沢市	33.9	14.8	深川市	56.2	73.1
網走市	234.6	106.3	富良野市	82.7	30.9
留萌市	22.7	97.4	登別市	-19.9	-71.0
苫小牧市	20.2	-46.9	恵庭市	18.0	-19.7
稚内市	25.6	264.1	伊達市	-39.4	-64.6
美唄市	40.2	29.9	北広島市	16.8	-8.4
芦別市	67.1	50.4	石狩市	-3.1	12.0
江別市	14.6	4.6	北斗市	-56.4	-134.8
赤平市	55.4	54.8			

この `HokkaidoCities_xy.dat` を手作業で 4 クラスタに分割しましょう．手

[*1] 「平方和最小（Least sum of squares）を目的とする」ともいわれます．
[*2] 札幌市を原点とした，地図（球面メルカトル図法）上の相対位置（km）を表しています．
[*3] 空白文字は複数入れても大丈夫ですが，カンマ "," や全角スペースは入れないでください．

3.2 平方和最小基準クラスタリング

作業で行うのは,「クラスタリングとは,データをクラスタに分割すること」すなわち**「個々のデータに,それが属するクラスタのラベル（クラスタラベル）を付与すること」**を実感してもらうためです．以下説明のため,クラスタリング結果（＝ラベル付きデータ）のファイル名を,Hokkaido_xyl.dat（"xyl" の右端は「エル」です）とします．作業手順は,下記のようにコピーコマンド cp で

```
$ cp HokkaidoCities_xy.dat Hokkaido_xyl.dat
```

としてファイルを作成し,ファイル Hokkaido_xyl.dat をエディタで開いて,各行の（xy 座標）が属する**クラスタラベル**の番号（数字は 0〜3 のいずれか）を第 3 カラムに書き込む方法があります．例えば,

```
0.0 0.0 0
-50.3 -140.8 1
-28.9 14.2 0
.....
```

のようにします（35 市すべてについて行ってください）．あるいは,表 3.1 を HokkaidoCities.dat として保存し,その第 4 カラムにクラスタラベルを

```
札幌市  0.0     0.0     0
函館市  -50.3   -140.8  1
小樽市  -28.9   14.2    0
.....
```

のように書き込み,awk（2.5 節参照）で処理する方法もあります（お勧め）．

```
$ awk '{print $2,$3,$4}' HokkaidoCities.dat > Hokkaido_xyl.dat
```

次に,作成したラベル付きデータ（＝クラスタリング最適化問題の "**解**"）を評価しましょう．ラベル付きデータのクラスタ内平方和を計算するプログラムと操作を示します．次のソースコードを calcJw.cpp というファイル名で保存し,コンパイル（2.3.2, 2.3.3 項参照）により,実行ファイル calcJw を作成してください．この例では,2 次元座標上で近いデータ同士をクラスタとしてまとめれば平方和が小さくなり,見た目にも「良い」クラスタリングとなります．

コード 3.1. クラスタ内平方和算出プログラム calcJw.cpp

```cpp
// calcJw.cpp
#include <string>
#include <vector>
#include <iostream>
#include <sstream>
#include <algorithm>
using namespace std;
int main(int argc, char* argv[]){
  vector<vector<double>> vecs;
  vector<int> lbls;
  string buf;
  while( getline(cin,buf) ){ //-- 標準入力（cin）から1行ずつ読み込む
    istringstream iss(buf);
    vector<double> vec;
    double d;
    while( iss >> d ) vec.emplace_back(d);
    vecs.emplace_back(vec.begin(),prev(vec.end()));
    lbls.emplace_back((int)vec.back());
  }
  int nvec = vecs.size();      //-- ベクトル数（データ数）N の取得
  int ndim = vecs[0].size();   //-- ベクトルの次元数 M を先頭のベクトルから取得
  int numc = *(max_element(lbls.cbegin(),lbls.cend())) +1; //クラスタ数 K
  //-- クラスタの重心 μ の計算 --
  vector<vector<double>> mu(numc); // クラスタ数 numc=K の平均ベクトルを宣言
  vector<double> n(numc,0);        // クラスタに含まれるベクトル数の宣言
  for( int i = 0 ; i < numc ; i++ ) mu[i].resize(ndim,0); //次元数 M 確保
  for( int i = 0 ; i < nvec ; i++ ){ // すべての入力ベクトル nvec=N について
    int label = lbls[i];       // i 番目の入力ベクトルのクラスタラベル取得
    n[label]++;                // クラスタに含まれるベクトル数カウントアップ
    for( int m = 0 ; m < ndim ; m++ ) mu[label][m] += vecs[i][m];
  }
  for( int k = 0 ; k < numc ; k++ )
    if( n[k] != 0 )
      for( int m = 0 ; m < ndim ; m++ ) mu[k][m] *= 1.0 / n[k];
  //-- クラスタ内平方和 Jw 計算 --
  double Jw = 0;
  for( int i = 0 ; i < nvec ; i++ ){
    int label = lbls[i];
    for( int m = 0 ; m < ndim ; m++ ){
      double tmp = vecs[i][m] - mu[label][m];
      Jw += tmp * tmp;
    }
```

3.2 平方和最小基準クラスタリング

```
43      }
44      cout << Jw << endl;
45  }
```

　コンパイルにより実行ファイルができたら，下記のようにラベル付きデータをリダイレクト "<"（向きに注意）して実行してください（今回のリダイレクトは，ラベル付きデータの中身をコマンド "calcJw" の標準入力につなげるという意味です）．ソースコードのいくつかの行について説明を加えます．

12 標準入力（cin）[4]から 1 行ずつ読み込み，文字列型の変数 buf に代入
13 文字列 buf を入力とする**文字列ストリーム** iss の宣言[5]
16 文字列ストリーム iss から空白区切り（半角スペースなど）で切り出し，浮動小数点型 (double) の変数 d へ代入し，配列 vec の最後尾に追加
17 配列 vec の末尾はラベル情報．手前までを配列 vecs の最後尾に追加
18 配列 vec の末尾のラベル情報を，配列 lbls の最後尾に追加．

　実行すると，**クラスタ内平方和**が出力されます（下記は，最適解に対する平方和（最小値）です．なお，手作業でこの解を得るのは困難です）．

```
$ ./calcJw < Hokkaido_xy1.dat
100917
```

　クラスタラベルを変更すれば，クラスタ内平方和の値は変わります．実際に付与するラベルを変更して，平方和の値が変わるのを確認してみてください．

　ここで，クラスタ内平方和を式で説明します．以下では，クラスタリング対象のことを，**入力ベクトル**の集合とよびます．今，N 個の入力ベクトル $x_i(i=1,\ldots,N)$ があり，これを K 個のクラスタ $C^k(k=1,\ldots,K)$ に分割するため，それぞれの x_i にクラスタラベルを付与したとします[6]．あるクラスタ C^k に属する（クラスタラベルとして k が付与された）入力ベクトル x について

---

[4] リダイレクトを使うように書いたのは，ラベル付きデータを出力するプログラムから，ファイルを生成せずにデータを受け取れるようにするためです．
[5] 文字列ストリームを使うため，5 行目で<sstream>を include しています．
[6] ソースコード中，入力ベクトル数 N は nvec，クラスタ数 K は numc，次元数 M は ndim．

の平方和（2乗和）は，クラスタの重心 $\boldsymbol{\mu}$ からの差分ベクトル $\boldsymbol{x} - \boldsymbol{\mu}$ を用いて表せます．**図 3.1** は，それぞれのベクトルと差分ベクトルの関係を表します．

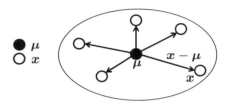

図 3.1. 差分ベクトル

差分ベクトル $\boldsymbol{x} - \boldsymbol{\mu}$ の長さの 2 乗（＝ユークリッド 2 乗距離）を $\|\boldsymbol{x} - \boldsymbol{\mu}\|^2$ と書きます（2 乗しているので，$\|\boldsymbol{x} - \boldsymbol{\mu}\|^2 = \|\boldsymbol{\mu} - \boldsymbol{x}\|^2$ です）．このユークリッド 2 乗距離 $\|\boldsymbol{x} - \boldsymbol{\mu}\|^2 = \sum_{m=1}^{M} (x_m - \mu_m)^2$ の和が平方和です（M は次元数）．例えば，あるクラスタが札幌市，千歳市，江別市から構成されていると，その重心とのユークリッド 2 乗距離 $\|\boldsymbol{x} - \boldsymbol{\mu}\|^2$ は下記のようになります．

	$\boldsymbol{x}$ あるいは $\boldsymbol{\mu}$	$\boldsymbol{x} - \boldsymbol{\mu}$	$\|\boldsymbol{x} - \boldsymbol{\mu}\|^2$
札幌市	(0.0 , 0.0)	(-12.8, 7.3)	$12.8^2 + 7.3^2$
千歳市	(23.8, -26.4)	(11.0, -19.1)	$11.0^2 + 19.1^2$
江別市	(14.6, 4.6)	(1.8 , 11.9)	$1.8^2 + 11.9^2$
重心 $\boldsymbol{\mu}$	(12.8, -7.3)	-	-

以上で示したように，あるクラスタ C^k の平方和は，式では

$$\sum_{\boldsymbol{x}_i \in C^k} \|\boldsymbol{x}_i - \boldsymbol{\mu}_k\|^2 = \sum_{\boldsymbol{x}_i \in C^k} \sum_{m=1}^{M} (x_m^i - \mu_m^k)^2, \tag{3.1}$$

と表せます．$\boldsymbol{x}_i \in C^k$ は，"クラスタ C^k に属する $\boldsymbol{x}_i$ すべてについて" という意味です．$\boldsymbol{\mu}_k$ は，クラスタ C^k に属する入力ベクトルの重心ベクトルで，

$$\boldsymbol{\mu}_k = \frac{1}{N_k} \sum_{\boldsymbol{x}_i \in C^k} \boldsymbol{x}_i, \tag{3.2}$$

$$N_k = \sum_{\boldsymbol{x}_i \in C^k} 1, \quad \sum_{k=1}^{K} N_k = N, \tag{3.3}$$

3.2 平方和最小基準クラスタリング

と書けます．ここで N_k はクラスタ C^k に属する入力ベクトル数です．重心ベクトルの各次元の値は，入力ベクトルの次元ごとの平均になるので，クラスタが決まれば自動的に決まります．そして，クラスタ内平方和 J_W は，すべてのクラスタ C^k について足し合わせたものなので，

$$J_W = \sum_{k=1}^{K} \sum_{\boldsymbol{x}_i \in C^k} \|\boldsymbol{x}_i - \boldsymbol{\mu}_k\|^2 = \sum_{k=1}^{K} \sum_{\boldsymbol{x}_i \in C^k} \sum_{m=1}^{M} (x_m^i - \mu_m^k)^2, \qquad (3.4)$$

となります．ここで，x_m^i と μ_m^k は，それぞれ i 番目の入力ベクトルと k 番目のクラスタ重心ベクトルにおける m 次元目の要素を表します．実際，ソースコード calcJw.cpp の 39-42 行目（下記）では，次元 m ごとに重心 $\boldsymbol{\mu}$（ソースコードでは mu）との差 tmp の 2 乗を平方和 Jw に足しこむ計算を行っています．ここでは，次元数 M を ndim（このデータでは "2"）と表記しています．

```
  for( int m = 0 ; m < ndim ; m++ ){
    double tmp = vecs[i][m] - mu[label][m];
    Jw += tmp * tmp;
  }
```

式と対応付けながら，ソースコードを読んでください．

3.2.1　ラベル付きデータのグラフ描画

グラフ描画ツール gnuplot（2.4 節参照）により，ラベル付きデータのグラフを描画する方法を示します．下記の gnuplot スクリプトを Hokkaido_xyl.plt というファイル名で保存してください[*7]．

```
1  set terminal postscript color eps enhanced
2  set size ratio -1 0.6
3  set output "Hokkaido_xyl.eps"
4  plot [-200:400][-200:300]\
5  "Hokkaido_xyl.dat" u 1:($3==0 ? $2 : 1/0) pt 6 title "Cluster0",\
6  "Hokkaido_xyl.dat" u 1:($3==1 ? $2 : 1/0) pt 6 title "Cluster1",\
7  "Hokkaido_xyl.dat" u 1:($3==2 ? $2 : 1/0) pt 6 title "Cluster2",\
8  "Hokkaido_xyl.dat" u 1:($3==3 ? $2 : 1/0) pt 6 title "Cluster3"
```

[*7] このスクリプトは，クラスタ数を 4 としています．クラスタ数が多い場合，これを参考にしてスクリプトを別途作成してください．

ここで，"set size ratio -1"のように比の値に"-1"を指定すると，x軸y軸の単位あたりの長さを等しくする設定になります．続く値"0.6"は図形要素の**サイズ**を表します．筆者は，このサイズを図形要素と文字要素の大きさのバランスをとるものと考えており，文字を相対的に大きくしたいときは，小さな値をセットします．また，x軸とy軸の描画範囲をそれぞれ[-200:400]と[-200:300]に設定しました．そして，5行目以降では，クラスタラベルを表す第3カラムの値（$3）を見て，クラスタ描画しています．なお，"pt 6"は，プロットするポイントの形状を"○"とする指定で，クラスタごとに色が変わります．行末のバックスラッシュ"\"は，行の続きがあることを意味します[*8]．描画処理は，

```
$ gnuplot Hokkaido_xyl.plt
```

とします．これでグラフが Hokkaido_xyl.eps へ出力されます（コマンドevince で表示可能）．上記 gnuplot スクリプトは，色の違いでクラスタを表しますが，ポイントの形状で違いを表す場合は，下記のコードを使ってください．

```
1  set terminal postscript eps enhanced
2  set size ratio -1 0.6
3  set output "Hokkaido_xyl.eps"
4  plot [-200:400][-200:300]\
5  "Hokkaido_xyl.dat" u 1:($3==0 ? $2 : 1/0) pt 1 title "Cluster0",\
6  "Hokkaido_xyl.dat" u 1:($3==1 ? $2 : 1/0) pt 2 title "Cluster1",\
7  "Hokkaido_xyl.dat" u 1:($3==2 ? $2 : 1/0) pt 3 title "Cluster2",\
8  "Hokkaido_xyl.dat" u 1:($3==3 ? $2 : 1/0) pt 4 title "Cluster3"
```

図 3.2 は，ポイント形状の違いでクラスタを分けた場合です．色を使う方がわかりやすいことが多いと思いますが，カラーが使えない場合は，このようにポイント形状の違いを用いることになるでしょう．適宜使い分けてください．

演習問題 3.1：手動によるクラスタリング

手作業により，HokkaidoCities_xy.dat データを自分の感覚で良いと思えるクラスタリングを行い，クラスタリング結果（ラベル付きデータ）のグラフとクラスタ内平方和 J_W（calcJw を使えば求まります）の値を示しなさい．

[*8] すなわち，5-8行目はすべて5行目として処理されます．

3.2 平方和最小基準クラスタリング　　　　　　　　　　　　　49

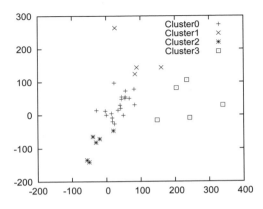

図 3.2. ラベル付きデータの可視化例

3.2.2　ランダムラベリングによるクラスタリング

　ランダムラベリング（ランダムにクラスタラベルを付与する）によるクラスタリングを行うプログラムを紹介します．下記ソースコードを `randomLabel.cpp` というファイル名で保存し，コンパイルにより，実行ファイル `randomLabel` を作成してください．

```cpp
// randomLabel.cpp
#include <iostream>
#include <fstream>
#include <string>
#include <vector>
#include <sstream>
#include <random>
using namespace std;
int main(int argc, char* argv[]){
  string fname1 = argv[1];
  int numc = stoi( argv[2] );
  int seed = stoi( argv[3] );
  vector<vector<double>> vecs;
  string buf;
  ifstream ifile1( fname1 );
  while( getline(ifile1,buf) ){
    istringstream iss(buf);
```

```
18        vector<double> vec;
19        double d;
20        while( iss >> d ) vec.emplace_back(d);
21        if( !vec.empty() ) vecs.emplace_back(vec);
22      }
23      ifile1.close();
24      int nvec = vecs.size();      //-- ベクトル数（データ数）N の取得
25      int ndim = vecs[0].size();   //-- ベクトルの次元数 M を先頭のベクトルから取得
26      mt19937 gen(seed);
27      uniform_int_distribution<int> dist(0, numc-1);
28      for( int i = 0 ; i < nvec ; i++ ){
29        for( int m = 0 ; m < ndim ; m++ ) cout << vecs[i][m] << " ";
30        cout << dist(gen) << endl;
31      }
32    }
```

このプログラムでは，乱数を使えるようにするため，7 行目でライブラリのヘッダ random を読み込み，26 行目で乱数生成器 gen を乱数の種 seed で初期化し，27 行目で 0 から numc-1 までの一様分布 (uniform) な整数乱数 dist を宣言しています．実際の乱数生成は，30 行目の dist(gen) で行っています．

```
26    mt19937 gen(seed);
27    uniform_int_distribution<int> dist(0, numc-1);
```

実行例を示します．下記例では，クラスタリング対象データのファイル HokkaidoCities_xy.dat，クラスタ数 (4)，乱数の種 (0) を引数とし，ラベル付きデータを出力します．これをリダイレクト（2.1.2 項参照）し，ラベル付きデータファイル Hokkaido_xyl.dat として保存しています．このクラスタリング結果を calcJw によりクラスタ内平方和で評価すると，非常に大きな値（悪い結果）が出力されると思います．乱数の種を色々と変えて試してください．

```
$ ./randomLabel HokkaidoCities_xy.dat 4 0 > Hokkaido_xyl.dat
$ ./calcJw < Hokkaido_xyl.dat
449618
```

なお，ラベル付きデータをファイルとして出力せず，

```
$ ./randomLabel HokkaidoCities_xy.dat 4 0 | ./calcJw
449618
```

とすることもできます．ここで，"|"（パイプとよぶ）は，パイプの左にあるコマンドの出力（標準出力）を右のコマンドの入力（標準入力）につなげます．

演習問題 3.2：ランダムなクラスタリング

ランダムなクラスタリング（クラスタ数は 4）を行い，なるべくクラスタ内平方和が小さい解を探してグラフを作成しなさい（用いた乱数の種と平方和の値も示すこと）．また，結果について考察しなさい．

3.3　k-means アルゴリズム

この節で，平方和最小基準クラスタリングのための代表的なアルゴリズム（手法）である **k-means アルゴリズム**を紹介します [30]．アイデアの概要は下記です．式 3.4 において，ある入力ベクトル x に着目します．式では，x が属するクラスタの重心 μ_k とのユークリッド 2 乗距離 $\|x - \mu_k\|^2$ を計算していますが，もし別のクラスタの重心との距離が小さければ，x をそのクラスタへ属させる（配属先変更＝クラスタラベルの更新）ことで，平方和を小さくします．クラスタラベルを更新すると重心が変わるので，今度は，この重心を更新します．そして，また入力ベクトルに着目して，配属先のクラスタを更新します．これを繰り返していくことで，平方和を小さくしていきます．

上記アイデアを実現するため，入力ベクトルと同じ空間にある**重みベクトル** w[*9]を導入します．クラスタの重心 μ_k を求めて，これを重みベクトルとする**重みベクトルの更新**（図 3.3(a) 参照）と，個々の入力ベクトルを最も近い重みベクトルに属させる**クラスタラベルの更新**（図 3.3(b) 参照）を交互に行うことで優れた解を求めます．図 3.3(b) は，各重みベクトル w を最近傍とする入力ベクトルの存在範囲（＝「**最も近い重みベクトルに属させる分割**」）が，重みベクトル同士を結んだ線分の垂直二等分線で区切られる（**ボロノイ分割**とよぶ）ことを表しています[*10]．これらの手順をフローチャートで表したのが，**図 3.5**(a) です．

実際のプログラム例を次に示します．今回は，複数のソースコードファイ

[*9]「重みベクトル」は，重心（ベクトル）や代表ベクトル（後述）などを含む概念です．
[*10] 正確には，2 次元では垂直二等分線．一般には垂直二等分面（超平面）です．

ルを使います．まず 3 つのソースコードファイル common.h, common.cpp, k-means.cpp，を作成してください．

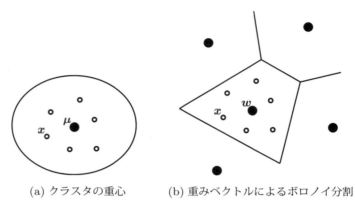

(a) クラスタの重心　　　(b) 重みベクトルによるボロノイ分割

図 3.3. クラスタと重みベクトルの関係

コード 3.2. クラスタリング用共通関数 common.h

```
// common.h
#ifndef _COMMON_H
#define _COMMON_H
#include <string>
#include <vector>
#include <limits>
double updateWeight( std::vector<std::vector<double>>& vecs,
                     std::vector<int>& lbls,
                     std::vector<std::vector<double>>& weight );

double updateLabel( std::vector<std::vector<double>>& vecs,
                    std::vector<int>& lbls,
                    std::vector<std::vector<double>>& weight );

double SQError( std::vector<std::vector<double>>& vecs,
                std::vector<int>& lbls,
                std::vector<std::vector<double>>& weight );
#endif
```

3.3 k-means アルゴリズム

コード 3.3. クラスタリング用共通関数 common.cpp

```cpp
// common.cpp
#include "common.h"

double updateWeight( std::vector<std::vector<double>>& vecs,
                     std::vector<int>& lbls,
                     std::vector<std::vector<double>>& weight ){
  int nvec = vecs.size();
  int ndim = vecs[0].size();
  int numc = weight.size();
  //-- クラスタの重心として重みベクトルを更新 --
  for( int k = 0 ; k < numc ; k++ )
    for( int m = 0 ; m < ndim ; m++ ) weight[k][m] = 0;
  std::vector<double> n(numc,0);
  for( int i = 0 ; i < nvec ; i++ ){
    int label = lbls[i];
    n[label]++;
    for( int m = 0 ; m < ndim ; m++ ) weight[label][m] += vecs[i][m];
  }
  for( int k = 0 ; k < numc ; k++ )
    if( n[k] != 0 )
      for( int m = 0 ; m < ndim ; m++ ) weight[k][m] *= 1.0 / n[k];
  //-- 2乗誤差（＝クラスタ内平方和 Jw）の算出 --
  return SQError( vecs, lbls, weight );
}

double updateLabel( std::vector<std::vector<double>>& vecs,
                    std::vector<int>& lbls,
                    std::vector<std::vector<double>>& weight){
  int nvec = vecs.size();
  int ndim = vecs[0].size();
  int numc = weight.size();
  //-- クラスタラベルの更新 --
  for( int i = 0 ; i < nvec ; i++ ){
    int label = -1;                 //-- クラスタラベルの仮設定（以下で更新）
    double minE = std::numeric_limits<double>::max();  //最小誤差初期化
    for( int k = 0 ; k < numc ; k++ ){ //-- 各重みベクトルとの誤差計算
      double sum = 0;       //-- 誤差計算用の変数
      for( int m = 0 ; m < ndim ; m++ ){
        double tmp = vecs[i][m] - weight[k][m];
        sum += tmp * tmp;
      }
      if( sum < minE ){     //-- もし「最小誤差」の候補より小さいなら
```

```
43          minE = sum;           //-- 「最小誤差」の候補の更新
44          label = k;            //-- クラスタラベル候補の更新
45        }
46      }
47      lbls[i] = label;          //-- クラスタラベルの更新
48    }
49    //-- 2乗誤差（＝量子化誤差 Eq）の算出 --
50    return SQError( vecs, lbls, weight );
51  }
52
53  double SQError( std::vector<std::vector<double>>& vecs,
54                  std::vector<int>& lbls,
55                  std::vector<std::vector<double>>& weight ){
56    double sum = 0;              //-- 2乗誤差計算用の変数
57    int nvec = vecs.size();
58    int ndim = vecs[0].size();
59    for( int i = 0 ; i < nvec ; i++ ){
60      int label = lbls[i];
61      for( int m = 0 ; m < ndim ; m++ ){
62        double tmp = vecs[i][m] - weight[label][m];
63        sum += tmp * tmp;
64      }
65    }
66    return sum;
67  }
```

複数のソースファイルを使うため，Makefile を下記のように変更してください．"k-means: common.o" は，依存関係を表しています（k-means を作るには common.o が必要，つまり依存している）．

```
CXX = g++
CXXFLAGS = -O3
k-means:       common.o
```

3.3 k-means アルゴリズム

コード 3.4. k-means アルゴリズム k-means.cpp

```cpp
// k-means.cpp
#include "common.h"
#include <iostream>
#include <fstream>
#include <string>
#include <vector>
#include <sstream>
#include <random>
using namespace std;
int main(int argc, char* argv[]){
  string fname1 = argv[1];
  int numc = stoi( argv[2] );
  int seed = stoi( argv[3] );
  vector<vector<double>> vecs;
  string buf;
  ifstream ifile1( fname1 );
  while( getline(ifile1,buf) ){
    istringstream iss(buf);
    vector<double> vec;
    double d;
    while( iss >> d ) vec.emplace_back(d);
    if( !vec.empty() ) vecs.emplace_back(vec);
  }
  ifile1.close();
  int nvec = vecs.size();      //-- ベクトル数（データ数）N の取得
  int ndim = vecs[0].size();   //-- ベクトルの次元数 M を先頭のベクトルから取得
  vector<int> lbls(nvec,0);    //-- ベクトルに付与するクラスタラベル用の変数
  vector<vector<double>> weight(numc);
  for( int k = 0 ; k < numc ; k++ ) weight[k].resize(ndim,0);
  //-- クラスタラベルの初期化（randomLabel と同じ）  --
  mt19937 gen(seed);
  uniform_int_distribution<int> dist(0, numc-1);
  for( int i = 0 ; i < nvec ; i++ ) lbls[i] = dist(gen);
  //-- k-means アルゴリズムのコア（繰り返し）部分 --
  int ic = 1;
  double Jw, Eq;
  do{
    Jw = updateWeight(vecs,lbls,weight);
    Eq = updateLabel(vecs,lbls,weight);
    cerr << "ic= " << ic << ", Jw= " << Jw << ", Eq= " << Eq << endl;
    ic++;
  }while( Jw != Eq );
```

```
43      //-- データにクラスタラベルを付与して出力 --
44      for( int i = 0 ; i < nvec ; i++ ){
45        for( int m = 0 ; m < ndim ; m++ ) cout << vecs[i][m] << " ";
46        cout << lbls[i] << endl;
47      }
48    }
```

実行ファイル k-means は，下記コマンド

```
$ make k-means
g++ -O3  -c -o common.o common.cpp
g++ -O3    k-means.cpp common.o   -o k-means
```

で作成できます（emacs からのコンパイルも可能．2.3.3 項参照）．使い方は，randomLabel と同じく，

```
$ ./k-means HokkaidoCities_xy.dat 4 0 > Hokkaido_xyl.dat
ic= 1, Jw= 449618, Eq= 361618
ic= 2, Jw= 184591, Eq= 139529
ic= 3, Jw= 115808, Eq= 114111
ic= 4, Jw= 112987, Eq= 112987
```

のように，データファイル，クラスタ数，乱数の種を引数として指定します．平方和と**量子化誤差**（後述，式 3.5 参照）の情報が，標準エラー出力（上記方法では，リダイレクトされません）に出力されます．乱数の種をいくつか変えて実験をすれば，平方和の小さい解が得られること，乱数の種により結果が異なること，などがわかるはずです．ソースコードを見ると，クラスタラベルの初期化は randomLabel と同じことがわかります．そこを起点として，図 3.5(a) のように，重みベクトルの更新とクラスタラベルの更新を繰り返すことで，より良い解に向かうのです．その様子を模式的に表したのが**図 3.4** で，$\mathcal{C}$ は**クラスタリングの解**，すなわち各入力ベクトル x に付与したクラスタラベルの全体を表し，その関数であるクラスタ内平方和 $J_W(\mathcal{C})$ が更新のたびに小さくなり，**局所最適解**へ行き着く様子が示されています．

アルゴリズムの終了条件は，「繰り返し回数の上限」や「平方和の改善率の下

3.3 k-means アルゴリズム

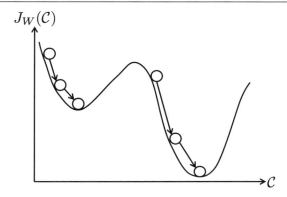

図 3.4. クラスタリングの解 $\mathcal{C}$ の収束

限」などが使われます．k-means.cpp では，終了条件として「クラスタ内平方和 J_W と量子化誤差 E_Q が等しい」[*11]を使いました．この条件は，これ以上の改善がない**局所最適解**へ収束したことを意味します．量子化誤差 E_Q は，

$$E_Q = \sum_{i=1}^{N} \min_{k} \|\boldsymbol{x}_i - \boldsymbol{w}_k\|^2, \tag{3.5}$$

と書けます．この式では，各入力ベクトル $\boldsymbol{x}$ について，そこから最も近くにある重みベクトル $\boldsymbol{w}$ との 2 乗誤差を計算し，これを足し合わせています．クラスタリング問題の局所最適解では，各入力ベクトルの最近傍の重みベクトル $\boldsymbol{w}$ と，属するクラスタの重心ベクトル $\boldsymbol{\mu}_k$ が一致し，クラスタ内平方和 J_W と量子化誤差 E_Q が同じになります（一致していなければ，クラスタの更新により量子化誤差を小さくできることを意味します．つまり，収束しておらず，局所最適解に到達していないことになります）．

演習問題 3.3：k-means によるクラスタリング

k-means アルゴリズムを用いて，HokkaidoCities_xy.dat を 4 分割するクラスタリングを実施しなさい．次に，付録 表 A.10 の北海道の市町村の位置データ (Hokkaido Towns data，データのファイル名は HokkaidoTowns_xy.dat と

[*11] 収束に時間が掛かるため，データ数が多い場合は適しません．

します）を 10 分割するクラスタリングを実施しなさい．どちらの場合も，なるべくクラスタ内平方和が小さい解を探し，そのときの乱数の種と平方和の値を示しなさい．また，この実験からわかることを述べなさい．

3.4　クラスタリングとベクトル量子化

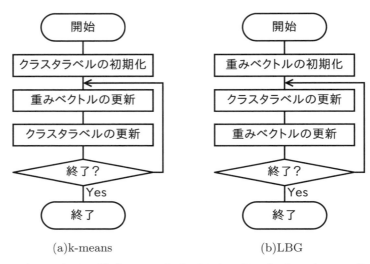

図 3.5. クラスタリング（k-means）とベクトル量子化（LBG）アルゴリズム

　ベクトル量子化は，クラスタリングと表裏一体のタスクです．ベクトル量子化とは，圧縮などのために，**入力ベクトル集合を代表するプロトタイプベクトル（＝代表ベクトル）を求めること**です [29]．これにより，入力ベクトル集合は，少数の代表ベクトルに置き換えて表すことができ，入力ベクトル集合を圧縮して表すことが可能になります．ベクトル量子化も，ある評価基準の最適化（＝量子化誤差の最小化）に基づいて行われます．**量子化誤差**が式 3.5 のような 2 乗誤差である場合，代表的なアルゴリズムとして **LBG アルゴリズム** [29] が知られています（図 3.5(b) 参照）．図からわかるように，処理自体は k-means とほぼ同じで，最後にクラスタラベルではなく，重みベクトルを代表ベクトルとして出力する点です．2 乗誤差（平方和）を考えたとき，クラスタリング問題の局所最適解 $\mathcal{C}$ は，解 $\mathcal{C}$ で決まる重心ベクトル $\boldsymbol{\mu}_k$ の集合を代表ベクトル集合とするべ

クトル量子化問題の解 $\mathcal{W}$ のボロノイ分割で決まる分割 $\mathcal{C}'$ と一致します．この意味において，局所最適解における両問題の解は実質的に等価です．このことから，**平方和最小基準クラスタリング問題の局所最適解の探索は，2 乗誤差に基づくベクトル量子化問題の局所最適解の探索に置き換えられる** [48] といえます．

3.5 平方和の性質

平方和最小クラスタリングの重要な性質の 1 つを紹介します．クラスタ内平方和 J_W（式 3.4 参照）と同じ様に，総平方和 J_T とクラスタ間平方和 J_B が定義でき，それぞれ

$$J_T = \sum_{i=1}^{N} \|\boldsymbol{x}_i - \boldsymbol{\mu}\|^2, \tag{3.6}$$

$$J_B = \sum_{k=1}^{K} N_k \|\boldsymbol{\mu}_k - \boldsymbol{\mu}\|^2, \tag{3.7}$$

と表せます．ここで，$\boldsymbol{\mu}$ は入力ベクトル集合全体の重心で，

$$\boldsymbol{\mu} = \frac{1}{N} \sum_{i=1}^{N} \boldsymbol{x}_i, \tag{3.8}$$

と書けます．このとき，クラスタ数が K の任意のクラスタリングにおいて，

$$J_T = J_W + J_B, \tag{3.9}$$

が成立します．この式において J_T は一定であるため，J_W の最小化は J_B の最大化，すなわち**クラスタの重心が全体の重心から離れるようにすること**，を意味します．言い換えれば，平方和最小基準クラスタリングは，クラスタ間の分離の良さを目指しているといえます．

なお，確率論，確率モデルの説明をした後，この観点から見た，平方和最小基準クラスタリングの性質・特徴について解説します．

演習問題 3.4：平方和の性質の証明
式 3.9 が成り立つことを示しなさい．

3.6 競合学習

競合学習（Competitive Learning）はベクトル量子化アルゴリズムの1つで，ニューラルネットワークとしても知られています [31, 38]．ここでは，3.4 節の考え方を使い，平方和最小基準クラスタリングアルゴリズムとして扱います．このアルゴリズムは，k-means や LBG アルゴリズム（図 3.5 参照）が重みベクトルを一括更新しているのに対し，ランダムに入力ベクトルを選択しながら，逐次的に重みベクトル（＝代表ベクトル）を更新します．そのフローチャートを**図 3.6** に表しました．

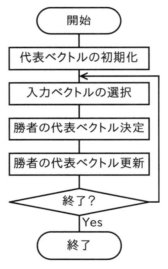

図 3.6. 競合学習アルゴリズム

図の「勝者の代表ベクトル決定」では，ランダムに選んだ入力ベクトル x に最も近い代表ベクトル w を勝者とします．勝者の代表ベクトルの添字を c とすれば，

$$c = \arg\min_k \|x - w_k\|^2 \text{ （候補複数の場合は最小の添字を選択する）}, \quad (3.10)$$

と書けます．式中の $\arg\min_k$ は「関数値を最小化する k の集合」という意味で

3.6 競合学習

す（競合学習では「勝者は1つ」とします）．そして，「勝者の代表ベクトル更新」では，「勝者の代表ベクトルを，学習率 γ の割合だけ入力ベクトルに近づける」という更新（＝学習），

$$w_c \leftarrow (1-\gamma)w_c + \gamma x, \tag{3.11}$$

を行います．図 **3.7** のように更新後の代表ベクトル w_c' は，元の代表ベクトル w_c と入力ベクトル x を $\gamma : 1-\gamma$ に内分するベクトルです．

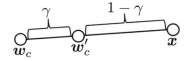

図 3.7. **勝者重みベクトルの更新**

このように勝者のみが学習する学習則は，"**winner-take-all**" の学習則といわれます．この更新は，部分誤差 $\|x - w_c\|^2$ を小さくします[*12]．1回1回の更新は，必ずしも全体の量子化誤差 E_Q（式 3.5）を小さくするとは限りませんが，何回も繰り返すことで，更新による変化の方向の期待値は E_Q を小さくする方向（最急降下方向）になります．このような学習法を，**確率降下法**（stochastic descent method）[2] といいます．

上記競合学習のプログラム例を示します．以下のソースコードを compLearn.cpp というファイル名で保存してください．またこのプログラムは，common.h と common.cpp を利用するので，下記のように Makefile に依存関係を表す "compLearn:　　　common.o" を1行追加してください．

```
CXX = g++
CXXFLAGS = -O3
k-means:         common.o
compLearn:       common.o
```

[*12] 図 3.7 からわかるように $(1-\gamma)^2$ 倍にします．これは γ を微小な値と考えたとき，更新量に対する誤差の低減量が最大な方向（**最急降下方向**）への更新になります．

コード 3.5. 競合学習 compLearn.cpp

```cpp
// compLearn.cpp
#include "common.h"
#include <iostream>
#include <fstream>
#include <string>
#include <vector>
#include <sstream>
#include <random>
using namespace std;
int main(int argc, char* argv[]){
  string fname1 = argv[1];
  int     numc = stoi( argv[2] );
  int     seed = stoi( argv[3] );
  double  gma  = stod( argv[4] );
  vector<vector<double>> vecs;
  string buf;
  ifstream ifile1( fname1 );
  while( getline(ifile1,buf) ){
    istringstream iss(buf);
    vector<double> vec;
    double d;
    while( iss >> d ) vec.emplace_back(d);
    if( !vec.empty() ) vecs.emplace_back(vec);
  }
  ifile1.close();
  int nvec = vecs.size();        //-- ベクトル数（データ数）N の取得
  int ndim = vecs[0].size();     //-- ベクトルの次元数 M を先頭のベクトルから取得
  vector<int> lbls(nvec,0);      //-- ベクトルに付与するクラスタラベル用の変数
  vector<vector<double>> weight(numc);
  for( int k = 0 ; k < numc ; k++ ) weight[k].resize(ndim,0);
  //-- 重み（＝代表）ベクトルの初期化（ランダムラベル＋重みベクトル更新）
  mt19937 gen(seed);
  uniform_int_distribution<int> dist(0, numc-1);        // ランダムラベル用
  for( int i = 0 ; i < nvec ; i++ ) lbls[i] = dist(gen); //ランダムラベル
  updateWeight(vecs,lbls,weight);                       // 重みベクトル一括更新
  //-- 競合学習 --
  uniform_int_distribution<int> dist2(0, nvec-1);   // 入力ベクトル選択用
  int maxCycle = 1000000;                           // 繰り返し回数設定
  for( int ic = 0 ; ic < maxCycle ; ic++ ){
    int iVec = dist2(gen);                          // 入力ベクトル選択
    int kWin = -1;                                  // 勝者ベクトル添字
    double minE = numeric_limits<double>::max();    // 最小誤差初期化
```

3.6 競合学習

```
43        for( int k = 0 ; k < numc ; k++ ){          // 勝者の探索
44          double sum = 0;
45          for( int m = 0 ; m < ndim ; m++ ){
46            double tmp = vecs[iVec][m] - weight[k][m];
47            sum += tmp * tmp;
48          }
49          if( sum < minE ){
50            minE = sum;
51            kWin = k;
52          }
53        }
54        for( int m = 0 ; m < ndim ; m++ )            // 勝者の更新（学習）
55          weight[kWin][m] = (1.0 - gma)*weight[kWin][m] + gma*vecs[iVec][m];
56      }
57      //-- クラスタラベルの算出とクラスタ内平方和 Jw の算出 --
58      double Eq = updateLabel(vecs,lbls,weight); // クラスタラベルの算出
59      double Jw = updateWeight(vecs,lbls,weight);// Jw の算出
60      cerr << "Eq= " << Eq << ", Jw= " << Jw << endl;
61      //-- データにクラスタラベルを付与して出力 --
62      for( int i = 0 ; i < nvec ; i++ ){
63        for( int m = 0 ; m < ndim ; m++ ) cout << vecs[i][m] << " ";
64        cout << lbls[i] << endl;
65      }
66    }
```

実行ファイル compLearn の作成は，k-means と同様

```
$ make compLearn
g++ -O3   -c -o common.o common.cpp
g++ -O3      compLearn.cpp common.o    -o compLearn
```

としてください．実行するとき，第 3 引数までは k-means と同じですが，第 4 引数に**学習率**の値 γ（目安は 0.01〜0.1）を指定する必要があり，

```
$ ./compLearn HokkaidoCities_xy.dat 4 0 0.01 > Hokkaido_xyl.dat
Eq= 101254, Jw= 100917
```

のようにしてください．k-means と同様，量子化誤差と平方和の情報が，出力されます（クラスタリングの解としての評価値は，平方和 (J_W) の方です）．

ソースコードを見ると，重みベクトル（＝代表ベクトル）の初期化は，「ランダムラベリング後に重みベクトルを更新する」ことで行っています[*13]．これは，k-means と同じくコマンド randomLabel でクラスタラベルの初期化を行い，その後最初の重みベクトル更新を行い，競合学習にバトンタッチして学習を継続している，と見ることができます．つまり，k-means と compLearn は，同じ通過点を経て（同じ前提条件下で）クラスタリングを行っています．

2つのアルゴリズム（k-means と compLearn）の性能を，比較してみてください．競合学習の学習率を適切に設定したうえで，いくつか乱数の種を変えて実験をすると，競合学習の方が，平方和が小さいという意味で優れた解へ収束することが確認できるはずです．もちろん，これは解析対象に依存するので，「常に競合学習が優れる」と結論づけることはできません．2つのアルゴリズムでこのような違いが起こる原因としては，k-means による一括更新先が，平方和の大きな局所解の近傍となる可能性があること，競合学習による逐次更新で生じるゆらぎ（必ずしも平方和を小さくするとは限らない）が，図 3.4 における山を越えさせる可能性があること，などが考えられます．なお，このゆらぎは，競合学習の欠点でもあり，局所最適解の近傍までしかたどり着けないことになります．そのため，最後のラベル更新において算出した量子化誤差 E_Q と，最終的に計算した平方和 J_W が異なっています（大きな学習率 γ を指定すると，ゆらぎが大きくなります）．

ソースコードからもわかる通り，競合学習はベクトル量子化アルゴリズムであり，これをクラスタリング手法として使うため，競合学習を行った後にクラスタラベルの更新を行って，これをクラスタリング結果として出力してます（注：直後の重みベクトル更新では，クラスタラベルは更新されません）．

演習問題 3.5：compLearn によるクラスタリング

compLearn プログラムを用いて，HokkaidoCities_xy.dat を 4 分割するクラスタリングを実施しなさい．次に，付録 表 A.10 の北海道の市町村の位置データ（Hokkaido Towns data，データのファイル名は HokkaidoTowns_xy.dat とします）を 10 分割するクラスタリングを実施しなさい．乱数の種の値を変えて

[*13] 他の初期化方法としては，入力ベクトルをクラスタ数だけランダムに選択し，それらを初期の代表ベクトルとする方法があります．ただし，平方和の大きな局所解へ収束しがちです．

実験を行い，k-means を使った場合の結果と比較し，考察しなさい．

3.7　さまざまなクラスタリング基準

　本章では，非階層クラスタリングの代表例として，平方和最小基準クラスタリングを紹介しました．このことから，平方和最小基準が広く使える基準だと考えるのは早計です．ここでは，平方和最小基準の問題点を指摘し，他のさまざまなクラスタリング基準について紹介します．

　最近注目されるデータにおいては，この基準が不適切な場合が多いといえます．例えば，文書や消費行動ログなどの高次元データです．インターネット上，あるいは組織において，大量の文書が蓄積されています．文書の特徴として広く用いられているのが，単語です．日本語であれば 10 万以上の単語を考慮する必要があり，これはすなわち 10 万次元以上のデータを扱うことになります．電子商取引において，レコメンドなどに使われる消費行動ログなどでは，商品の種類数や消費者の人数などが，それぞれ消費者や商品を特徴づける特徴ベクトルの次元数となります．これらの特徴（＝特徴ベクトル）は高次元かつスパース（多くの要素値が 0）になります[*14]．

　今，次元数が M の超球を考え，その中に特徴ベクトルが一様分布している場合を考えます（特徴ベクトルの空間分布にはゆらぎがありますが，全体の傾向としてはあてはまる場合が多いでしょう）．2 次元のバームクーヘンで考えても，内側の 1cm よりも外側の 1cm の面積が大きいように，同じ厚みであれば外側の体積が大きくなります．ここで次元数 M を大きくすると，指数関数的に外側の体積の割合が大きくなり，しまいにはほとんどすべての体積が超球の表面付近に存在することになります．すなわち「**一様分布する特徴ベクトルは，超球の表面付近に集中して存在する**」という **球面集中現象** が起こることになります．こうなると，いくつかの特徴ベクトルをクラスタとしてまとめたとき，そのクラスタの重心は球の内側に位置し，クラスタに属する個々の特徴ベクトルまでの距離が遠くなります．平方和最小基準は，重心がクラスタの代表となる，すなわ

[*14] 次元数が 1 の場合も注意を要します．この場合，平方和最小基準のクラスタリングは，総当たりで最適解を求めることが可能（組み合わせ数が激減するため）です [35, 48]．基準としては意味がありますが，解を求めるアルゴリズムについては，工夫する観点が全く異なります．

ち重心付近に多くの特徴ベクトル（＝入力ベクトル）が存在することを前提としますので，役に立たなくなります．

上記の様な特徴の場合，ベクトル間の距離ではなく**コサイン類似度**を使うのが，解決策の1つです．これなら，前述の場合のように球面集中現象が起きても問題ありません．コサイン類似度の高さに基づくクラスタリングは，**球面クラスタリング**とよばれ，これに対応した修正版のk-meansアルゴリズムは，**球面k-means**（spherical k-means）とよばれています．これら"球面"という用語は，文書データのクラスタリングの研究において使われ始めました [14]．なお，競合学習は，もともと内積すなわちコサイン類似度に基づく形で学習則が示されており，球面クラスタリング（より正確にはベクトル量子化）のためのアルゴリズムでした [38]．

コサイン類似度以外で，注目すべき基準（あるいはクラスタリング手法）として，スペクトラルクラスタリングや最大マージンクラスタリングなどがあります．そして，もう1つ重要なのが，**情報理論的（Information Theoretic）クラスタリング**です．これは5章の確率モデルと密接に関連した手法（ナイーブ分類器の教師なし学習版）です．人間が分類する感覚に近いという意味で，より優れたクラスタリングが実現できるとの報告 [45] があります．球面クラスタリングと情報理論的クラスタリングについては，8章「文書データの解析」で，プログラムと解析例を示します．

以上のように，非階層的クラスタリングにおいて，平方和最小基準だけが広く使える基準ではない，ので気をつけてください．一方，他に学ぶべきことは多々ありますが，本章での考え方やアルゴリズム（k-meansアルゴリズム，競合学習）は，球面クラスタリングや情報理論的クラスタリングでも，少しだけ手を加えれば使えます．このようにアナロジーがある（使える）ので，平方和最小基準クラスタリングを理解することは，有意義です．

第4章
識別関数の学習

識別関数（Discriminant Function）とは，何らかの特徴ベクトルが入力されたときに，この特徴ベクトル（＝入力ベクトル）を適切なクラスあるいはカテゴリに識別（分類）[*1]するための関数です．分類器を構成する方法は，直接的に識別関数を学習する方法と，クラスに属する特徴ベクトルの生成モデルを用意し，この生成モデルのパラメータを与えて（あるいは推定して）分類器を構成する方法に大別されます．ここでは，前者について解説します．

4.1 識別関数の学習

識別関数を学習するには，属するクラスが既知の特徴ベクトルが必要となります．このような特徴ベクトルは，**学習パターン**とよばれ，具体的にはクラスラベルが付与されたデータです．学習パターンは学習のための"教師"でもあるので，学習パターンを用いて学習することを，**教師あり学習**とよび，クラスタリングのように学習パターンを用いない学習は，**教師なし学習**とよびます．

識別関数の学習方法あるいは構成方法は，色々あります．例えば，学習ベクトル量子化（LVQ: Learning Vector Quantization）アルゴリズムや，サポートベクターマシン（SVM: Support Vector Machine）などもその1つです．本章では，最も単純かつ基本的な識別関数である**パーセプトロン**（perceptron）[37]（他の技術の理解のために有用）と，その学習則を例として示します．

[*1] 元の英語 "Discriminate" は判別（分類）を意味します．

4.2 パーセプトロン

　パーセプトロンは，米国のローゼンブラットにより提案されたニューラルネットワークの1つで，特徴ベクトル（＝入力ベクトル）を識別関数により分類します[*2]．パーセプトロンおよびその識別関数の学習則は，特徴ベクトルとの処理に内積が用いられ，クラス間を分離する超平面を学習する形で定式化されています．本節では，3章で紹介した平方和最小基準クラスタリングおよび2乗誤差に基づくベクトル量子化と関連付けて説明するため，パーセプトロンの考え方を，実質的に等価なユークリッド2乗距離に基づく形に変形し，示します．

　上記考え方によって変形したパーセプトロン（以下，**修正パーセプトロン**と表記）の識別関数は，クラスラベルと対応した代表ベクトル（クラスあたり1つ）を用いて表せ（下式），入力された特徴ベクトルを，ユークリッド2乗距離の意味で最も近い代表ベクトルのクラスに分類します．なお**特徴ベクトル**は，3章（クラスタリング）における**入力ベクトル**と同じものと考えてください．今，K個のクラス $C^k (k=1,\ldots,K)$ があり，その代表ベクトルを $\boldsymbol{w}_k$，入力ベクトルを $\boldsymbol{x}$ と表すとき，入力ベクトル $\boldsymbol{x}$ の分類先であるクラスの添字 c は，

$$c = \arg\min_k \|\boldsymbol{x} - \boldsymbol{w}_k\|^2 \text{ （候補複数の場合は最小の添字を選択する）}, \quad (4.1)$$

と表せます．この式は，クラスタがクラスになっているなどの違いがありますが，競合学習における勝者の代表ベクトル決定の式（式 3.10）と同じです．そして，特徴空間は，代表ベクトル同士を結んだ線分の垂直二等分線（二等分面）により区切られます（代表ベクトルによるボロノイ分割（図 3.3(b) 参照）になります）．

　このような代表ベクトルを，学習パターン（＝クラスラベル付きデータ）から学習する方法の1つが**パーセプトロンの学習則**で，フローチャートは**図 4.1**(a)のようになります．図のようにパーセプトロンでは，誤分類が起きたときだけ学習を行います．選択した学習パターンを $\boldsymbol{x}$，誤分類した先のクラスの添字を c，真のクラスを t とすると，代表ベクトルの更新則（ユークリッド2乗距離に基づく形に変形）は，

[*2] ミンスキーらによる "Perceptron"[34] は，Perceptron の重要性と限界を指摘しています．

4.2 パーセプトロン

$$w_t \leftarrow (1-\gamma)w_t + \gamma x, \tag{4.2}$$
$$w_c \leftarrow (1+\gamma)w_c - \gamma x, \tag{4.3}$$

と書けます．ここで，γ は学習率です．真のクラスの代表ベクトル w_t は学習パターンに近づけ，間違ったクラスの代表ベクトル w_c は学習パターンから離すように更新します（図4.1(b) 参照）．学習パターンの選択は順繰りに行い，終了条件は，**すべての学習パターンが正しく分類できること**，です．

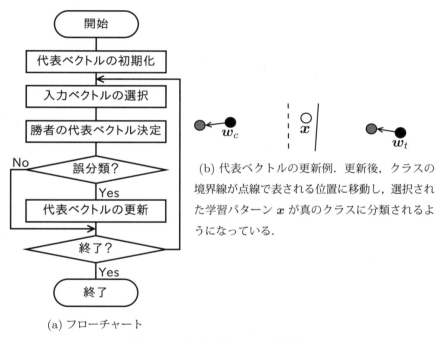

(b) 代表ベクトルの更新例．更新後，クラスの境界線が点線で表される位置に移動し，選択された学習パターン x が真のクラスに分類されるようになっている．

(a) フローチャート

図 4.1. パーセプトロンの学習則

上記の学習を実現するプログラム例を示します．以下のソースコードを `modPerceptron.cpp` というファイル名で保存し[*3]，コンパイルにより実行ファイル `modPerceptron` を作成してください（`Makefile` に"`modPerceptron: common.o`"の追加行が必要）．

[*3] ユークリッド2乗距離に基づく形に変形したパーセプトロンという意味です．

コード 4.1. 修正パーセプトロン modPerceptron.cpp

```cpp
// modPerceptron.cpp
#include "common.h"
#include <iostream>
#include <fstream>
#include <string>
#include <vector>
#include <sstream>
#include <random>
#include <algorithm>
using namespace std;
int main(int argc, char* argv[]){
  string fname1 = argv[1];
  int    seed = stoi( argv[2] );
  double gma = stod( argv[3] );
  vector<vector<double>> vecs;
  vector<int> lbls;
  string buf;
  ifstream ifile1( fname1 );
  while( getline(ifile1,buf) ){
    istringstream iss(buf);
    vector<double> vec;
    double d;
    while( iss >> d ) vec.emplace_back(d);
    vecs.emplace_back(vec.begin(),prev(vec.end()));
    lbls.emplace_back((int)vec.back());
  }
  ifile1.close();
  int nvec = vecs.size();        //-- ベクトル数（データ数）N の取得
  int ndim = vecs[0].size(); //-- ベクトルの次元数 M を先頭のベクトルから取得
  int numc = *(max_element(lbls.cbegin(), lbls.cend())) +1; // クラス数 K
  vector<vector<double>> weight(numc);
  for( int k = 0 ; k < numc ; k++ ) weight[k].resize(ndim,0);
  mt19937 gen(seed);
  uniform_int_distribution<int> dist(0, nvec-1);
  for( int k = 0 ; k < numc ; k++ ){
    int i = dist(gen);
    for( int m = 0 ; m < ndim ; m++ ) weight[k][m] = vecs[i][m];
  }
  //--
  int maxIter = 1000;          //-- 学習パターン全体の処理の繰り返し回数の上限
  int nLearn;                  //-- 学習が必要であった回数
  for( int ic = 0 ; ic < maxIter ; ic++ ){
```

4.2 パーセプトロン

```
43      nLearn = 0;
44      for( int i = 0 ; i < nvec ; i++ ){
45        int cClass = -1;                           //最近傍代表ベクトル添字
46        double minE = numeric_limits<double>::max();//最小誤差初期化
47        for( int k = 0 ; k < numc ; k++ ){         //最近傍の探索
48          double sum = 0;
49          for( int m = 0 ; m < ndim ; m++ ){
50            double tmp = vecs[i][m] - weight[k][m];
51            sum += tmp * tmp;
52          }
53          if( sum < minE ){
54            minE = sum;
55            cClass = k;
56          }
57        }
58        int tClass = lbls[i];
59        if( tClass != cClass ){
60          nLearn++;
61          for( int m = 0 ; m < ndim ; m++ ){
62            weight[tClass][m]=(1.0-gma)*weight[tClass][m] +gma*vecs[i][m];
63            weight[cClass][m]=(1.0+gma)*weight[cClass][m] -gma*vecs[i][m];
64          }
65        }
66      }
67      cerr << "ic= " << ic << ", nLearn= " << nLearn << endl;
68      if( nLearn == 0 ) break;
69    }
70    //-- 代表ベクトルの出力 --
71    for( int k = 0 ; k < numc ; k++ ){
72      for( int m = 0 ; m < ndim-1 ; m++ ) cout << weight[k][m] << " ";
73      cout << weight[k][ndim-1] << endl;
74    }
75  }
```

　実行は，下記のようにラベル付きデータ（＝学習パターン）を第1引数，乱数の種を第2引数，学習率（例えば0.1）を第3引数とし，出力を重みベクトルデータファイル Hokkaido_w.dat にリダイレクトしてください．実行すると，すべての学習パターンを順番にチェックし，誤分類が起きたときだけ学習が行われます．すべての学習パターンをチェックする度に，学習した回数を "nLearn=" として標準エラー出力に出力します．これが "0" になれば学習終了（"収束し

た"）です．1000 回繰り返した場合も強制的に終了させます．ただし，このときは，（1000 回繰り返しても）学習データについての誤分類をなくせなかった（収束しなかった）ことになります．

```
./modPerceptron Hokkaido_xyl.dat 0 0.1 > Hokkaido_w.dat
ic= 0, nLearn= 36
ic= 1, nLearn= 23
.....
```

　上記において，ラベル付きデータとして 3 章の k-means や compLearn で得たクラスタリング結果を用いてみてください．元々重みベクトルのボロノイ分割によって入力ベクトルをクラスタに分割できているデータなので，十分な繰り返し回数があれば "**収束可能**" です．もちろん，学習パターンによっては，どんなに学習を繰り返しても "収束不可能" になります．また，学習率を変えると，収束までの繰り返し回数が変わるのが観測できるでしょう．

　次に，上記学習により得られた重みベクトル（＝代表ベクトル）が，学習データについて誤分類がないことを確認するため，重みベクトルを使って，元のラベルなしデータ（HokkaidoCities_xy.dat あるいは HokkaidoTowns_xy.dat）を分類してみましょう．そのためのプログラム例を示します．以下のソースコードを classify.cpp というファイル名で保存し，コンパイルにより実行ファイル classify を作成してください（Makefile に "classify:　　　common.o" の追加行が必要）．

コード 4.2. **分類プログラム** classify.cpp

```
1  // classify.cpp
2  #include "common.h"
3  #include <iostream>
4  #include <fstream>
5  #include <string>
6  #include <vector>
7  #include <sstream>
8  #include <random>
9  using namespace std;
10 int main(int argc, char* argv[]){
```

4.2 パーセプトロン

```cpp
    string fname1 = argv[1];
    string fnameW = argv[2]; // 重みデータ（最後のカラムはラベルを表す）
    vector<vector<double>> vecs;
    string buf;
    ifstream ifile1( fname1 );
    while( getline(ifile1,buf) ){
      istringstream iss(buf);
      vector<double> vec;
      double d;
      while( iss >> d ) vec.emplace_back(d);
      if( !vec.empty() ) vecs.emplace_back(vec);
    }
    ifile1.close();
    int nvec = vecs.size();      //-- ベクトル数（データ数）N の取得
    int ndim = vecs[0].size();   //-- ベクトルの次元数 M を先頭のベクトルから取得
    ifstream ifileW( fnameW );
    vector<vector<double>> weight;
    while( getline(ifileW,buf) ){
      istringstream iss(buf);
      vector<double> vec;
      double d;
      while( iss >> d ) vec.emplace_back(d);
      if( !vec.empty() ) weight.emplace_back(vec);
    }
    ifileW.close();
    int numc = weight.size();
    vector<int> lbls(nvec,0);
    updateLabel(vecs,lbls,weight);
    //-- データにクラスラベルを付与して出力 --
    for( int i = 0 ; i < nvec ; i++ ){
      for( int m = 0 ; m < ndim ; m++ ) cout << vecs[i][m] << " ";
      cout << lbls[i] << endl;
    }
}
```

コンパイルにより実行ファイルができましたら，下記のようにラベルなしデータを第 1 引数，重みベクトルファイルを第 2 引数として実行し，結果をラベル付きデータファイル（例えば Hokkaydo_xyl2.dat のように学習パターンのファイルとは別にすること）へリダイレクトしてください．このラベル付きデータは，学習パターンとして用いたラベル付きデータと同じはずです．下記のようにテキストファイルの差分を見るコマンド diff を使うと，差分がないことが確

認できます（差分がない場合，下記のようにコマンド実行後にプロンプトのみが返ります．差分がある場合は，差分情報が出力されます）．

```
$ ./classify HokkaidoTowns_xy.dat Hokkaido_w.dat > Hokkaido_xyl2.dat
$ diff Hokkaido_xyl.dat Hokkaido_xyl2.dat
$
```

実際に学習した重みベクトル Hokkaido_w.dat とラベル付きデータ Hokkaido_xyl.dat を同時にプロットしてみましょう．下記は，クラス数（あるいはクラスタ数）が 4 のときに使える gnuplot スクリプトです．これを Hokkaido_xylw.plt というファイル名で保存してください．

```
1  set terminal postscript color eps enhanced
2  set size ratio -1 0.7
3  set output "Hokkaido_xylw.eps"
4  plot [-200:400][-200:300]\
5  "Hokkaido_xyl.dat" u 1:($3==0 ? $2 : 1/0) pt 1 title "Cluster0",\
6  "Hokkaido_xyl.dat" u 1:($3==1 ? $2 : 1/0) pt 2 title "Cluster1",\
7  "Hokkaido_xyl.dat" u 1:($3==2 ? $2 : 1/0) pt 3 title "Cluster2",\
8  "Hokkaido_xyl.dat" u 1:($3==3 ? $2 : 1/0) pt 4 title "Cluster3",\
9  "Hokkaido_w.dat"   pt 7 ps 1.5 title "Weights"
```

ここで，重みベクトルを表すのに "pt 7"（プロットする際，ポイントの形状を "●" とする指定），"ps 1.5"（ポイントのサイズを少し大きくする指定）を使いました．実際の描画処理は，

```
$ gnuplot Hokkaido_xylw.plt
```

とすると，グラフが Hokkaido_xylw.eps へ出力されます．図 4.2(a) は，比較のためクラスタの重心を重みベクトルとした場合の図です（本来はカラーですが，白黒で表示しています）．この図から，

1. クラス（クラスタ）は，重みベクトル同士を結んだ線分の垂直二等分線（一般には二等分面）で区切られる（ボロノイ分割される）こと
2. パーセプトロンで学習された重みベクトルは，クラスの重心からはずれていること

4.2 パーセプトロン

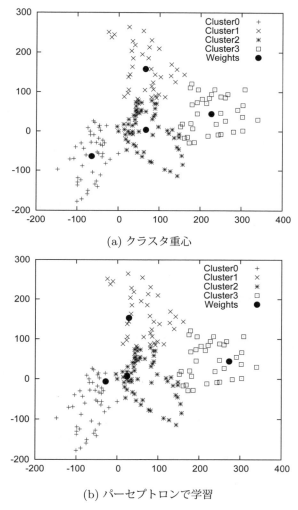

(a) クラスタ重心

(b) パーセプトロンで学習

図 4.2. 重みベクトルの比較

などがわかります．一般的に識別関数の学習では，クラスの特徴を良く説明できるような重みベクトルの取得を考えていません．特に，パーセプトロンにおける識別関数の学習の場合は，**学習パターンを分離できる境界を得ることだけを目指している**，といえます．また，学習パターンを平方和最小基準クラスタ

リングにより作成した場合は，クラスの重心で学習パターンを分離できますが，一般にはクラスの重心（それがクラスの特徴を良く説明できているとしても）により，学習パターンを分離できるとは限りません．

演習問題 4.1：修正パーセプトロンによる学習

3 章の k-means や compLearn で得たクラスタリング結果（＝ラベル付きデータ）を学習パターンとして，modPerceptron を用いて，識別関数（＝重みベクトル）を学習させなさい．そのとき，乱数の種（例えば 0..9）や学習率（例えば，0.01, 0.05, 0.1, 0.2, 0.3, 0.5）を変化させて学習させ，収束するまでの繰り返し回数の傾向について考察しなさい．

演習問題 4.2：重みベクトルの作成

x 軸，あるいは y 軸に平行な直線でクラスを分割するような重みベクトルの例（Hokkaido_w.dat のような重みベクトルデータファイル）を手動で作成し，その重みベクトルと HokkaidoTowns_xy.dat を分割した結果を示しなさい．

4.3 教師あり学習の性能評価

教師あり学習は，学習パターンを誤分類しないように（あるいは誤分類を最小）学習しますが，それは真の目的ではありません．なぜならば，答えがわかっているのですから．真の目的は，**未知の入力ベクトルを，適切なクラスに分類すること**です．そのため，教師あり学習を用いて分類器を作成するとき，学習則や分類器の構成方法の良し悪しを評価するには，学習に使わなかった未知データを使います．性能評価をする実験では，学習用データと評価用データとを分割しておきます（1 つのデータセットを何通りかの学習用データと，評価用データとに分割することもよく行われます）．

4.4 さまざまな識別関数について

この節では，パーセプトロン以外の識別関数について，紹介します．

4.4.1 k-NN法

パーセプトロンの識別関数では，クラスあたり1つの代表ベクトルを使っていました．これに対して，すべての学習パターン（クラスラベルが付いた特徴ベクトル）を代表ベクトルとしてしまうのがk-NN（Nearest Neighbor）法です．ここでは代表ベクトル（重みベクトル）の更新などは不要です．"k"の意味も含めた分類手順は下記のようになります．

1. 入力ベクトルに対して，最も近いk個の代表ベクトルを選出する
2. 選出されたk個の代表ベクトルのクラスの中で，最多となるクラスを分類先のクラスとする

です．k-NN法は，計算機のメモリ容量が増えて速度が速くなった今日，現実的な分類器構成法といえます．距離としては，ユークリッド距離（ユークリッド2乗距離としても同じ）が使われることが多いですが，別の距離を使うことも可能です．

クイズ：k-NN法の "k" の決め方
k-NN法の "k" は，素数（5以上）を使うのが一般的です．理由を考えてください[*4]．

4.4.2 学習ベクトル量子化（LVQ）

学習ベクトル量子化（LVQ: Learning Vector Quantization）も，k-NN法と同様にクラスあたり複数の代表ベクトルを使います．しかし，全学習パターンを記憶するのではなく，クラスの代表として，いくつかの代表ベクトルを学習によ

[*4] kがnの倍数なら，nクラスで選出した代表ベクトル数がタイになる可能性があります．タイになる可能性を減らすために素数が使われます．

り獲得します．分類は，**入力ベクトルの最も近傍にある代表ベクトルのクラスを分類先**とします．距離として，通常はユークリッド距離が使われます．k-NN 法も LVQ も，クラスあたり複数の代表ベクトルを使うことで，複雑なクラス間の境界を表すことができます（なお，パーセプトロンでも，複数組み合わせれば，同等のことが可能になります）．

学習則にはいくつかのバージョンがあり，それぞれ LVQ1，LVQ2.1，LVQ3，OLVQ1 アルゴリズムと名前が付いています．名称に「ベクトル量子化」が含まれているので，教師なし学習のように見えますが，教師あり学習です．

4.4.3 サポートベクターマシン（SVM）

サポートベクターマシン（SVM: Support Vector Machine）は，もともとクラス数が 2 の線形分類器です．この線形とは，パーセプトロンが特徴空間上の超平面（2 次元なら代表ベクトル同士を結んだ線分の垂直二等分線）でクラスを分割していたのと同じ意味です．違いは，**マージン**を最大化するか否かです．パーセプトロンでは，学習パターンを分離できればよしとしていましたが，サポートベクターマシンでは，なるべく隣接するクラス間の中間を通って，それぞれのクラスに属するパターン間の距離（マージン）を最大にするという意味の**最適超平面**を学習します．このことにより，未知のパターンに対する分類精度が高くなると期待でき，その意味で優れた分類器になります．

また，上記では"線形"といいましたが，**カーネル法**を使うことで，元の空間を非線形変換した特徴空間における線形分離が可能になり，結果として非線形な分離境界面を扱うことが可能です．そして，クラス数が 2 を超える場合の拡張法がいくつか提案されており，多クラスの分類問題にも適用可能です．

第5章
確率論と確率モデル

　本章では，ナイーブベイズ分類器の例を使いながら，データ解析が「モデルを用いて，データの背後にある特徴や関係を明らかにする」ことを示します．最初に，確率モデル（より一般的には統計モデル）を扱うため，必要となる確率論について説明します．続いて，分類器を構成する方法として，クラスに属する特徴ベクトルの生成モデルを紹介し，この生成モデルのパラメータを与えて（あるいは推定して）分類器を構成する方法を示します．

5.1　事象と確率

　目の前で起こっている事を見通しよく分析するには，記号化（概念の抽象化）が有効です．そのために必要となる用語をいくつか示します．

　まず，サイコロを投げて「偶数の目が出る確率」を考えましょう．ここでサイコロを投げることを**試行**といい，試行によって得られる結果を**事象**といいます．例えば，「偶数の目が出る事象」を A と書き，事象 A が起こる確率を $P(A)$ と表します．

　次に，2つの事象，A（偶数の目が出る）と B（3の倍数の目が出る）を考えます．2つの事象が同時に起こる確率を，$P(A \cap B)$ あるいは $P(A, B)$ と書き，「事象 A と事象 B の**同時確率**」とよびます．一方，それぞれの事象が起こる確率 $P(A)$, $P(B)$ は，同時確率を表にしたとき，その周辺に現れるため，**周辺確率**といわれます．これらのことを例題で示します．

例題 5.1：確率の表と周辺確率

学生にコーヒーの好き嫌いについてアンケート（2択）を取りました．アンケートの回答のうち，男子は7割で，男子かつコーヒーが好きという人は 56%，女子かつコーヒーが好きという人は 15% でした．さまざまなケースの同時確率について整理しなさい．

例題 5.1 の解説

ここで，アンケートを無作為に取り出したとき，男子である事象を A_1，女子である事象を A_2，コーヒーが好きである事象を B_1，コーヒーが嫌いである事象を B_2 とします．これら事象の系列 A と B について，組み合わせで起こる事象（**複合事象**といいます）の同時確率を表したのが，**表 5.1** です．左は説明文にしたがって言葉と数値で書き，右は各マスの意味（何の確率なのか）を示しています．

表 5.1. コーヒーの好き嫌いについてのアンケート結果 1

	好き	嫌い	計
男子	0.56		0.7
女子	0.15		
計			1.0

	B_1	B_2	計
A_1	$P(A_1, B_1)$	$P(A_1, B_2)$	$P(A_1)$
A_2	$P(A_2, B_1)$	$P(A_2, B_2)$	$P(A_2)$
計	$P(B_1)$	$P(B_2)$	1.0

左側の表の残りのマスを埋めるには，「**同時確率を縦方向や横方向に足し合わせた確率が，表の周辺にある確率（＝周辺確率）になる**」ことを使います．この知見（**確率の加法定理**ともよばれる）は，直感的にわかると思います．例えば「男子の回答は，男子かつコーヒーが好き，あるいは男子かつコーヒーが嫌いと答えた回答の和」であり，確率についても同じことがいえる，ということです[*1]．しかし，複雑に絡み合った問題を扱っていると，見落としたり勘違いを起こしがちです．これを防ぐには，頭の中に表 5.1 を思い浮かべ，何が与えられていて，何を解くべきなのかを整理するのが得策です．なお，言葉の意味からも想像で

[*1] 表 5.1 は，2つの項目の系列を縦軸と横軸に置いて項目がクロスする細目の度数を表した**分割表（クロス表）**と本質的に同じ（分割表の度数を全体の度数で割ったもの）と考えられます．

きますが，同時確率を考えるとき，事象の順番は関係なく，$P(A,B) = P(B,A)$ が成り立ちます．

表5.1では，事象の系列 A と B はそれぞれ 2 つずつしかありませんが，各系列に含まれる事象の数が増えても，周辺確率の求め方は変わりません．例えば，系列 A が $A = \{A_1, \ldots, A_m\}$，系列 B が $B = \{B_1, \ldots, B_n\}$ とすると，$m \times n$ の事象の組み (A_i, B_j)，$i = 1, 2, \ldots, m$，$j = 1, 2, \ldots, n$ ができます．これらの周辺確率は，同時確率の和を使って

$$P(A_i) = \sum_{j=1}^{n} P(A_i, B_j),$$
$$P(B_j) = \sum_{i=1}^{m} P(A_i, B_j), \tag{5.1}$$

と書けます（確率の表を思い浮かべてください．縦や横方向の足し合わせをしているだけです）．

演習問題 5.2：例題 5.1 を見て，下記設問に答えなさい．

1. $P(A_2)$ と $P(B_1)$ の値を求めなさい．
2. $P(A_2, B_2)$ の値を求め，どのような事象の確率であるかを説明しなさい．
3. 周辺確率 $P(B_2)$ を，式 5.1 に当てはめて算出しなさい．

5.2 条件付き確率とベイズの定理

事象 B が起こったという条件の下で事象 A が起こる確率を，「事象 B が起こった条件下で，事象 A が起こる**条件付き確率**」とよび，$P(A|B)$ と書きます．縦棒は「given」と読み，この場合は「A given B」（「B が与えられたもとで A」という意味）になります．

条件付き確率は，

$$P(A|B) = \frac{P(A,B)}{P(B)}, \tag{5.2}$$

と表せます.これを変形すると**確率の乗法の定理**

$$P(A,B) = P(B|A)P(A), \tag{5.3}$$
$$P(A,B) = P(A|B)P(B), \tag{5.4}$$

が導けます.この式は「事象 A と B が同時に起こる確率は,事象 A が起こり,さらにその条件下で,事象 B が起こる確率に等しい」の様に読んでください.そうすれば,定理はすぐに書けるはずです.

そして,条件付き確率の式 5.2 の分子を式 5.3 を使って置き換えると

$$P(A|B) = \frac{P(A)P(B|A)}{P(B)}, \tag{5.5}$$

という「**ベイズの定理**」が導けます.式の左右で,条件付き確率の「与えられる条件となる事象」と「与えられた条件下で起こる事象」が反転している点が重要です.この反転が,通常は難しい「結果から原因を推定する」ことを可能にします.この式において,探りたい原因を事象 A,得られる結果を事象 B とします.このとき,それぞれの確率を以下のようによびます.

$P(A|B)$:　事後確率
$P(A)$:　事前確率
$P(B|A)$:　尤度

$P(A|B)$ を事後確率とよぶのは,結果である B がわかった後の確率だからです.$P(A)$ を事前確率というのは,結果 B がわかる前に,事象 A が起こる確率を表しているためです.一般に,原因 A から結果 B が起こる確率 $P(B|A)$(=尤度)は予測できることが多いのですが,必要とされるのはその逆 $P(A|B)$(結果から原因を推測する)であることがよくあります.そのときに,ベイズの定理が利用されます.上記の同時確率と条件付き確率の関係を理解し,同時確率の表 5.1 を思い浮かべ,以下に示す「壺の問題」を解けるようになってください.

演習問題 5.3:下記の設問に答えなさい.

条件付き確率の式 5.2 を参考にし,表 5.1 から「回答が男子からであるときに,コーヒーを好きと答えている確率」を求めなさい(ヒント:本問については,ベイズの定理は不要).

5.2 条件付き確率とベイズの定理

例題 5.4：壺の問題 1

2つの壺があり，第1の壺には赤玉が2個と白玉が1個，第2の壺には赤玉が1個と白玉が2個入っている．第1の壺と第2の壺は，2:1の確率で選ばれる．今，いずれかの壺を選んで玉を取り出したところ，白玉であった．第1の壺が選ばれていた確率を求めよ．

例題 5.4 の解答例

各事象を次の記号で表します．A_1：第1の壺が選ばれる事象，A_2：第2の壺が選ばれる事象，B_1：赤玉が選ばれる事象，B_2：白玉が選ばれる事象，とします（表5.1の右側を思い浮かべてください．迷ったら表を書いても良いでしょう）．求める確率は $P(A_1|B_2)$ で表せて，ベイズの定理により，

$$P(A_1|B_2) = \frac{P(A_1)P(B_2|A_1)}{P(B_2)}, \tag{5.6}$$

と書けます．問題文より，$P(A_1) = 2/3$，$P(B_2|A_1) = 1/3$ です．周辺確率 $P(B_2)$ は，

$$\begin{aligned} P(B_2) &= P(B_2, A_1) + P(B_2, A_2) \\ &= P(B_2|A_1)P(A_1) + P(B_2|A_2)P(A_2) \\ &= 1/3 \cdot 2/3 + 2/3 \cdot 1/3 = 4/9, \end{aligned} \tag{5.7}$$

により算出できます（乗法の定理により，同時確率を変形した）．これらより，

$$P(A_1|B_2) = \frac{2/3 \cdot 1/3}{4/9} = 1/2, \tag{5.8}$$

となります．答えは，1/2 です．

演習問題 5.5：壺の問題 2

2つの壺a,bがあり，aの壺には赤玉が2個と白玉が3個，bの壺には赤玉が4個と白玉が8個入っている．今，どちらかの壺を選んで玉を取り出したところ，赤玉であった．aの壺が選ばれていた確率を求めよ（ヒント：壺aと壺bが選ばれる比率の情報がない，ということは同じ確率で選ばれると判断するのが妥当でしょう）．

演習問題 5.6：壺の問題 3

赤と青の 2 つの箱があり，赤の箱にはりんごが 2 個とオレンジが 6 個，青の箱にはりんごが 3 個とオレンジが 1 個入っている．赤い箱は 40%，青い箱は 60% の確率で選ばれる．今，箱の 1 つをランダムに選び，フルーツをランダムに 1 個取り出したところ，オレンジであった．青い箱が選ばれていた確率を求めよ．[*2]

5.3 ナイーブベイズ分類器

本節では文書の生成モデル（⊂ 確率モデル）を考え，これにより文書が与えられたとき，その文書のクラスあるいはカテゴリ（例えば "政治，経済，スポーツ" など）を推定する方法を解説します．ナイーブベイズ分類器は，この生成モデルを使って分類を行う代表的な分類器です．"ナイーブ" とは「単純な，何の工夫もない」という意味で，実際には**「事象の条件付き独立」**を仮定することです．フルーツポンチならば「あるフルーツが選択されることは，別のフルーツが選択されることに影響されない」という意味（容易に納得できます）で，文書でいえば「ある単語の出現は，他の単語の出現に影響されない」こと（これは大胆な仮定）です．もう一方の "ベイズ" は，事前確率を考慮するときなどに "ベイズの定理" を使うことが由来でしょう．

5.3.1 確率変数と確率分布

データ解析の多くは，**確率モデルを用いてデータの背後にある特徴や関係性を明らかにすること**，といえます．確率モデルを意識するのは，慣れないと難しいと思いますが，本質的な意味を理解しながら解析をするためには，必要なことです．まず最初に**確率変数**と**確率分布**という概念を紹介します．

サイコロを例に考えます．サイコロは投げ終わらないと目の値はわかりません．確率変数とは「確率的に値が決まる変数」で，サイコロを投げたときに出る目の値は，確率変数の例です．確率変数は X や Y などの大文字を使って表すこ

[*2] この問題は「パターン認識と機械学習」[5] の例題の引用です．壺が箱，玉がフルーツになっていても，本質は「壺の問題」と同じです．

5.3 ナイーブベイズ分類器

とが一般的で,「サイコロを投げたときに出る目の値を確率変数 X とする」のように使います. 確率変数には,それがとる値に対しそれぞれ確率が与えられています. サイコロの場合でいえば,

$$P(X=1) = 1/6, \ P(X=2) = 1/6, \ldots, \tag{5.9}$$

となるでしょう. この例のように確率変数が離散的な値をとる場合,確率変数 X は離散型といいます. そして,確率変数が,それぞれの値をとるときの確率

$$P(X=x_k) = f(x_k), \tag{5.10}$$

を X の確率分布(離散型の)といいます.

5.3.2 2項分布と多項分布

ナイーブベイズ分類器と密接な関係があるのが,**2項分布**と**多項分布**です. どちらも離散型の確率分布です. 後半では多項分布を利用したモデリングの例を示しますが,2項分布も合わせて紹介します(2項分布版のナイーブベイズ分類器もあります).

■2項分布

例を示しながら説明します.

- コインを3回投げ,結果は「表→裏→表」でした.
- このように出る確率は? 答えは 1/8.
- では,表が2回,裏が1回出る確率はどうでしょうか? 答えは 3/8.
- 確率が変わるのは,表が2回で裏が1回のパターン(組み合わせ)は3通りあるためです.
  - 表表裏,表裏表,裏表表
  - 3回のうち表が2回出るパターンは,下記で求まります.

$$_3C_2 = \frac{3 \cdot 2}{2 \cdot 1} = 3. \tag{5.11}$$

- コインを10回投げて,表が3回出る確率は,次式です.

$$_{10}C_3 \, (0.5)^3 (1-0.5)^{10-3}. \tag{5.12}$$

一般に 1 回の試行で成功する確率が p のとき，これを n 回繰り返して x 回成功する確率（0 回のときも含みます）は，

$$f(x) = {}_n\mathrm{C}_x p^x (1-p)^{n-x}, \tag{5.13}$$

と表せます．この $f(x)$ が，確率変数 X を「成功する回数」（例：表が出る回数）としたときの確率分布（この場合は 2 項分布）になります．

■ 多項分布

次に 2 項分布を一般化した多項分布を，こちらも例を使いながら説明します．

1. 巨大なボウルでフルーツポンチを作りました．中には，**ぶどう，白桃，ナタデココ，いちご**が割合（＝確率）q_1, q_2, q_3, q_4 で入っています．
2. おたまですくったところ，果物が 10 個入っていました．
3. 例えば，ぶどう，白桃，ナタデココ，いちごが $(2,3,4,1)$ 個入っている確率を考えてみましょう．
4. 組み合わせを考えなければ，$q_1^2 \cdot q_2^3 \cdot q_3^4 \cdot q_4$ です．
5. 単純に確率を掛け合わせて，同時に選ばれる確率が計算できるのは，それぞれの果物が取り出される事象が**独立**であるためです．独立とは，互いに影響されないという意味で，「ぶどうが選ばれると，いちごが選ばれやすい」というようなことはないという意味です．
6. 組み合わせを考えてみます．10 個の順列は 10! ですが，重複があります．ぶどうで考えてみましょう．下図において左右のぶどうは区別できないので，2 重に数えているのがわかります．

7. 白桃の場合は 3 個なので 3! の重複があります．x 個あるものは $x!$ の重複があるので，これらを考慮すると組み合わせの数は，

$$\frac{10!}{2! \cdot 3! \cdot 4! \cdot 1!}, \tag{5.14}$$

となります．一般に，果物の総数が n，種類数が M，それぞれの果物の

5.3 ナイーブベイズ分類器

数が $x_m (m=1,\ldots,M)$ のとき（0個のときも含む），組み合わせの数 A は，

$$A = \frac{n!}{x_1! \cdot x_2! \cdots x_M!}, \tag{5.15}$$

です．

8. 以上の議論から，各果物の出現確率が q_m のとき，出現する個数が $(x_1,\ldots,x_M)$ である確率は，組み合わせの数 A を使い，

$$f(x_1,\ldots,x_M) = A \prod_{m=1}^{M} q_m^{x_m}, \tag{5.16}$$

と表せます．ここで，$\prod$ 記号は「要素をすべて掛け合わす」という意味です．この $f(x_1,\ldots,x_M)$ が，確率変数 $X_m(m=1,\ldots,M)$ を m 番目の果物が出現する個数としたときの確率分布（今回は多項分布）です．

5.3.3 具体的なモデル例

ここでも，文書の代わりに壺に入ったフルーツポンチで考えます（以下，ボウルを文書，フルーツを単語と考えてください[*3]）．今，トロピカル，クラシック，山形，山梨というラベルが付いた壺があり，それぞれ特徴的なフルーツポンチが入っているとします．売り子は，オーダーに基づいて壺を選び，選んだ壺からフルーツポンチをすくい，ボウルに入れてお客様に提供します．

壺に入っているフルーツは，マンゴー，ナタデココ，いちご，ぶどう，さくらんぼ，桃，アロエです．それぞれの壺のフルーツ（果物）のブレンド割合を教えてもらったところ，**表 5.2** のようになりました．それぞれの数字は，壺が選ばれたときに各フルーツ（果物）が選ばれる条件付き確率（例：P(マンゴー | トロピカル) = 0.5）を表しています．割合ですので，表の値を縦方向に足し合わせると 1 になります．

さて，お客様に提供されたボウルを見るとさまざまなフルーツが入っていますが，同じ壺からすくっても，すくうたびに内容が若干異なるようです．どの壺

[*3] 文書分類においては，バッグに詰まった単語という意味の，"bag-of-words" モデルを考えることに相当します．

表 5.2. フルーツのブレンド割合

		壺			
		トロピカル	クラシック	山形	山梨
フルーツ	マンゴー	0.5	0.05	0.03	0.05
	ナタデココ	0.1	0.1	0.1	0.1
	いちご	0.03	0.3	0.05	0.05
	ぶどう	0.03	0.1	0.15	0.5
	さくらんぼ	0.04	0.1	0.4	0.05
	桃	0.1	0.3	0.25	0.2
	アロエ	0.2	0.05	0.02	0.05

からも，前述の多項分布に基づいてフルーツが取り出されます．ただし，壺ごとにフルーツが入っている割合が異なるので，k 番目の壺 ($k = 1, \ldots, 4$) に入っているフルーツの割合を q_m^k ($m = 1, \ldots, 7$) と表します．それぞれの壺からすくったフルーツポンチ（ボウルの中身）は，異なるパラメータの値（フルーツの割合 q_m^k）を持つ多項分布にしたがいます．ボウルの中のフルーツの数を $(x_1, \ldots, x_7)$ とすれば，壺ごとに，そのような数で取り出される確率が計算できます．k 番目の壺を選ぶ事象を C^k とすれば，

$$P(X_1 = x_1, X_2 = x_2, \ldots, X_7 = x_7 | C^k) = A \prod_{m=1}^{7} (q_m^k)^{x_m}, \tag{5.17}$$

と書けます（定数 A は，式 5.15 で決まります）．

ここで，ボウルに取り出したフルーツポンチ（結果）を見て，取り出した壺（原因）を推測する問題を考えます．式を煩雑にしないために，確率変数 X_m がそれぞれ値 x_m であること（複合事象）を $\boldsymbol{X}$ と表すことにします．結果を条件としたときの原因が起こった確率は，ベイズの定理を使うと，

$$P(C^k | \boldsymbol{X}) = \frac{P(C^k) P(\boldsymbol{X} | C^k)}{P(\boldsymbol{X})}, \tag{5.18}$$

と書けます．事前確率の役割は重要です．山形の壺が大人気（事前確率が高い）となれば，相対的に山形の壺である可能性が高まるからです．この式の値を最

5.3 ナイーブベイズ分類器

大にする壺 k を探すこと，すなわち，事後確率を最大にすることに基づいて原因を推定することは，今回の問題の妥当な解決方法の1つでしょう．そして，事後確率の最大化を MAP（maximum a posteriori probability）とよび，このような推定方法を MAP 推定とよびます．

式 5.18 を最大にする k を求める具体的な手順を示します．まず両辺の対数（自然対数でも常用対数でも良いが，ここでは自然対数とする）をとると，

$$\log P(C^k|\boldsymbol{X}) = \log P(C^k) + \log P(\boldsymbol{X}|C^k) - \log P(\boldsymbol{X}), \tag{5.19}$$

となります．自然対数（関数）は単調増加なので，対数を取っても大小関係は変わりません．この性質を使い，事後確率の代わりに**対数事後確率**を考えます．右辺は，第2項を式 5.17 を使って置き換えると，

$$\log P(C^k) + \log A + \sum_{m=1}^{7} x_m \log q_m^k - \log P(\boldsymbol{X}), \tag{5.20}$$

へ変形できます．第2項と第4項は，壺 k によらないので，事後確率の大小関係は，

$$\log P(C^k) + \sum_{m=1}^{7} x_m \log q_m^k, \tag{5.21}$$

で決まることになります[*4]．この式を使えば，見通しよく容易に「取り出した壺を推定する」ことが可能です．文書が対象の場合は，文書が属するカテゴリ（スポーツ，政治，経済，…）を推定することが可能になります．なお，式の第2項は**対数尤度**とよび，対数尤度（あるいは尤度）のみで推定する方法を，**最尤推定**といいます．事前確率が不明なとき（あるいは一定と仮定する場合），MAP推定は最尤推定と同じになります．

演習問題 5.7：電卓による対数事後確率の算出

ある壺からボウルに取り出したフルーツの数を数えたところ，次のようになりました．取り出した壺を MAP により推定しなさい．なお，壺が選ばれる確率（事前確率）は，どれも同じとします．本演習では，電卓などを用いて表 5.2

[*4]「対数をとる」（常套手段）は，掛け算を足し算に，べき乗を掛け算にします．

の各値の自然対数をとった表（有効数字は 3 桁で十分でしょう）を作成し，それから個々の対数事後確率（の大小を比較できる値）を電卓などで求めなさい．

ボウル 1： マンゴー 3，ナタデココ 2，桃 2，アロエ 3
ボウル 2： マンゴー 1，ナタデココ 1，ぶどう 2，さくらんぼ 6
ボウル 3： いちご 1，ぶどう 4，さくらんぼ 1，桃 3，アロエ 1
ボウル 4： 自分で考えたフルーツの組み合わせ（10 個程度）

5.3.4 プログラムによる対数事後確率の計算

前項では，手作業で対数尤度や対数事後確率（の大小関係を決める値）を算出しました．手作業で行うことにより，「ある壺 k で出現確率が低いフルーツ（果物）が出現すると，マイナスの大きな値が加算され，その壺が選ばれたという確率が低下すること．」というような対数尤度と事後確率の関係が実感できたと思います．今度は，これをプログラムにより処理する方法を示します．

まず，フルーツポンチの生成モデルを表すデータファイルを作成します．下記を，ratioFruits.dat（壺ごとの果物の構成比＝果物が出現する条件付き確率），priorPot.dat（壺が選択される事前確率）という名前で保存してください．

```
0.5   0.1  0.03  0.03  0.04  0.1   0.2
0.05  0.1  0.3   0.1   0.1   0.3   0.05
0.03  0.1  0.05  0.15  0.4   0.25  0.02
0.05  0.1  0.05  0.5   0.05  0.2   0.05
```

```
0.25  0.25  0.25  0.25
```

最初は，生成モデルを使って，フルーツポンチを生成するプログラムを示します．下記ソースコードを genPunch.cpp として保存し，コンパイルにより，実行ファイル genPunch を作成してください．Makefile は，3 章と同じままで大丈夫です．

5.3 ナイーブベイズ分類器

コード 5.1. フルーツポンチ生成プログラム genPunch.cpp

```cpp
// genPunch.cpp
#include <iostream>
#include <fstream>
#include <string>
#include <vector>
#include <sstream>
#include <random>
using namespace std;
int main(int argc, char* argv[]){
  string fnameRatio = argv[1];
  string fnamePrior = argv[2];
  int nvec         = stoi(argv[3]);  // ボウル数＝ベクトル数 N
  int nFruits      = stoi(argv[4]);  // １つのボウルのために生成する果物数
  int seed         = stoi(argv[5]);  // 乱数の種
  string buf;
  vector<vector<double>> RatioVecs;   // 果物が出現する条件付き確率を格納
  ifstream ifileRatio( fnameRatio );
  while( getline(ifileRatio,buf) ){
    istringstream iss(buf);
    vector<double> vec;
    double d;
    while( iss >> d ) vec.emplace_back(d);
    if( !vec.empty() ) RatioVecs.emplace_back(vec);
  }
  ifileRatio.close();
  int numc = RatioVecs.size();       // クラス数 K(numc)＝壺の数
  int ndim = RatioVecs[0].size();    // 特徴数 M(ndim)＝果物の種類数
  vector<double> Prior(numc,0);      // 事前確率（クラス数（壺数）ある）
  ifstream ifilePrior( fnamePrior );
  for( int k = 0 ; k < numc ; k++ ) ifilePrior >> Prior[k];
  ifilePrior.close();

  mt19937 gen(seed);
  discrete_distribution<size_t> distPot(Prior.begin(),Prior.end());
  for( int i = 0 ; i < nvec ; i++ ){
    //-- クラス（壺）の選択
    int Ck = distPot(gen);
    //-- 特徴（＝果物）の選択と出力
    discrete_distribution<size_t> distFruits(RatioVecs[Ck].begin(),
                                             RatioVecs[Ck].end());
    for( int j = 0 ; j < nFruits ; j++ ){
      int Wm = distFruits(gen);
```

```
43        if( j != nFruits - 1 ) cout << Wm << " ";
44        else                   cout << Wm;
45      }
46      cout << "," << Ck << endl;
47    }
48  }
```

このプログラムでは，配列で指定された割合に基づいて，ランダムに配列の添字を生成する方法を用います．34 行目では，壺が選択される事前確率 Prior に基づいて 0 から numc-1 の値を出力する乱数 distPot を宣言し，実際に 37 行目の distPot(gen) で乱数を生成しています．39 行目では，選択された壺 Ck の果物の配合割合 RatioVecs[Ck] に基づいて 0 から M-1 の値を出力する乱数 distFruits を宣言し，42 行目の distFruits(gen) で乱数を生成しています．

```
34      discrete_distribution<size_t> distPot(Prior.begin(),Prior.end());
```

```
39      discrete_distribution<size_t> distFruits(RatioVecs[Ck].begin(),
40                                               RatioVecs[Ck].end());
```

実行ファイルを作成後，下記の例のように生成モデルを表すファイル (ratioFruits.dat と priorPot.dat)，ボウルの数 (5)，果物数 (10)，乱数の種 (0)，を引数にして実行してください．実行すると，

```
$ ./genPunch ratioFruits.dat priorPot.dat 5 10 0
5 5 5 4 4 3 1 3 4 5,2
2 5 2 4 2 6 1 5 3 5,1
4 4 4 4 5 1 4 3 5 3,2
0 0 0 0 6 0 2 6 0 6,0
2 4 5 4 3 1 4 5 4 4,2
```

のように，各行にボウルの中身の果物情報が出力されます．果物 m は 7 種類なので，0 から 6 までの値をとり，空白区切りで指定した「果物数」(上記では 10 個) が出力されています．これに続き[*5]，カンマ "," の後に選択された壺 k (4

[*5] 異なる情報 (果物，壺) を両方出力するため，区切り文字を変えました．区切り文字を変える方法は一般的ではなく，ここだけで通用するローカル・ルールです．

5.3 ナイーブベイズ分類器

種類，値は 0 から 3）が出力されています．式では，m や k がとる値は 1 からとしていましたが，C++ のプログラム上では，"0 から" に変更しています．

次に，ここで生成したフルーツポンチから，それを取り出した壺 (Pot) を推定するプログラムの下記ソースコードを estPot.cpp として保存してください．

コード 5.2. 壺の推定プログラム estPot.cpp

```cpp
// estPot.cpp
#include <iostream>
#include <fstream>
#include <string>
#include <vector>
#include <sstream>
#include <random>
using namespace std;
int main(int argc, char* argv[]){
  string fnameRatio = argv[1];
  string fnamePrior = argv[2];
  string fnamePunch = argv[3];      // フルーツポンチファイル
  string buf;
  vector<vector<double>> RatioVecs;   // 果物が出現する条件付き確率を格納
  ifstream ifileRatio( fnameRatio );
  while( getline(ifileRatio,buf) ){
    istringstream iss(buf);
    vector<double> vec;
    double d;
    while( iss >> d ) vec.emplace_back(d);
    if( !vec.empty() ) RatioVecs.emplace_back(vec);
  }
  ifileRatio.close();
  int numc = RatioVecs.size();        // クラス数 K(numc)＝壺の数
  int ndim = RatioVecs[0].size();     // 特徴数 M(ndim)＝果物の種類数
  vector<double> Prior(numc,0);       // 事前確率（クラス数（壺数）分ある）
  ifstream ifilePrior( fnamePrior );
  for( int k = 0 ; k < numc ; k++ ) ifilePrior >> Prior[k];
  ifilePrior.close();
  vector<vector<double>> Punch;        // フルーツポンチの情報を格納
  vector<int> Cnum;                    // もし，クラス（壺）情報があれば格納
  ifstream ifilePunch( fnamePunch );
  while( getline(ifilePunch,buf) ){
```

```cpp
      istringstream iss(buf);
      vector<string> vbuf;
      vector<double> vec;
      string buf2;
      //-- カンマ区切りで，前半（ボウル情報）と後半（壺情報）を分離
      while( getline(iss, buf2, ',') )  vbuf.emplace_back(buf2);
      if(vbuf.size()==2) Cnum.emplace_back(stoi(vbuf[1]));  //真の壺情報格納
      else if(vbuf.size()==1) Cnum.emplace_back(-1);  //壺情報がないときは-1
      else break;           //空行と考えられるので処理をスキップ
      //-- カンマ区切りの前半（ボウル情報）を空白区切りで，切り出し
      istringstream iss2(vbuf[0]);
      double d;
      while( iss2 >> d ) vec.emplace_back(d);
      if( !vec.empty() ) Punch.emplace_back(vec);
    }
    ifilePunch.close();
    int nvec = Punch.size();                  // フルーツポンチのボウル数 N
    //-- 条件付き確率と事前確率を自然対数へ変換（対数事後確率計算のため）
    for( int k = 0 ; k < numc ; k++ )
      for( int m = 0 ; m < ndim ; m++ )
        RatioVecs[k][m] = log(RatioVecs[k][m]);
    for( int k = 0 ; k < numc ; k++ ) Prior[k] = log(Prior[k]);
    //-- 推定
    for( int i = 0 ; i < nvec ; i++ ){
      vector<double> logPosteriori(numc,0);   // 事後確率を 0 で初期化
      for(int k=0; k<numc; k++) logPosteriori[k] = Prior[k];
      int num = Punch[i].size();              // 果物の数
      for( int j = 0 ; j < num ; j++ ){
        int Wm = Punch[i][j];                 // 果物の種類（m の値）
        for(int k=0; k<numc; k++) logPosteriori[k] += RatioVecs[k][Wm];
      }
      int maxk = -1;
      double max_val = -numeric_limits<double>::max();
      for( int k = 0 ; k < numc ; k++ )
        if( logPosteriori[k] > max_val ){
          maxk = k;
          max_val = logPosteriori[k];
        }
      for( int k = 0 ; k < numc-1 ; k++ ) cout << logPosteriori[k] << " ";
      cout << logPosteriori[numc-1];
      cout << "," << Cnum[i] << "," << maxk << endl;
    }
  }
```

5.3 ナイーブベイズ分類器

このソースコードで新しい点は，39行目で，カンマ","区切りで文字列を切り出しているところです．このように区切り文字を指定して切り出すことも可能です（半角スペースなども指定できます．本書で空白区切りと書いた場合は，1つ以上の空白文字（半角スペースやタブ）で区切るという意味です）．これまでの例でわかるように，getline関数は，色々なストリーム（標準入力，文字列ストリーム，ファイルストリーム）から行ごと，あるいは区切り文字指定により，文字列を切り出します．コンパイルして実行ファイルestPotを作成後，下記の例のように生成したフルーツポンチの情報をリダイレクトを使って保存し，生成モデルを表すファイル（ratioFruits.datとpriorPot.dat）と，保存したフルーツポンチのファイル（punch.dat）を引数にして実行すると，

```
$ ./genPunch ratioFruits.dat priorPot.dat 5 10 0 > punch.dat
$ ./estPot ratioFruits.dat priorPot.dat punch.dat
-29.569 -20.0177 -15.7772 -20.5001,2,2
-29.4512 -18.5136 -23.5604 -24.189,1,1
-31.4015 -22.2149 -14.8372 -23.2727,2,2
-13.88 -29.5519 -37.1574 -31.3436,0,0
-31.4015 -21.1163 -15.9358 -25.5753,2,2
```

のように，各行に取り出した壺の対数事後確率（相当[*6]）が出力され，カンマ","の後に生成時に選択された壺と，推定された壺の情報（MAP推定による）が出力されています．上記の例では，生成に使われた壺（真の壺）が正しく推定できていますが，誤った推定をする場合もあります．多数のフルーツポンチを生成すれば，正解率もわかるでしょう．そして，果物数を変えると，正解率が変わることなども観測できるはずです．

演習問題5.8：プログラムによる対数事後確率の算出

演習問題5.7を，プログラム（estPot）による計算で実施しなさい．

ヒント：フルーツポンチのファイルを作成する必要があります．このとき，生成時に選択された壺の情報はなし（カンマ","以降は不要）とすればよいでしょう．

[*6] 厳密には，大小関係を比較できる情報．

演習問題 5.9：壺推定の正解率の比較実験

genPunch によりフルーツポンチのファイルを生成し，これを estPot により，生成時に選択された壺を推定する実験をしなさい．具体的には，genPunch に与える果物数を増減することで，壺推定の正解率がどのように変化するか，それを明らかにするための実験を行い，結果を考察しなさい．

5.3.5 モデルのパラメータ推定

ここまでは，各壺におけるフルーツの割合や各壺が選ばれる事前確率は与えられていました．これらの情報は，フルーツポンチの生成モデル，すなわち多項分布などを決めている**パラメータ**になります．フルーツポンチのレシピを知っていれば，配合割合も事前に入手可能ですが，文書分類では，単語の出現割合は教えてもらえません．また，時とともに変化します．このように，現実の問題ではパラメータの推定が欠かせません．推定すべきパラメータは，フルーツの割合と各壺が選択される事前確率です．

まず，常識的に考えてみましょう．例えば，トロピカルの壺から取り出したフルーツポンチをなるべく多く集めます．そして 100 個のフルーツが集まったとして，その中にマンゴーが 48 個あれば，マンゴーの割合は，0.48 であると推定できます．また，選択された壺の数を数えれば，壺が選ばれる事前確率も同様に推定できます．

上記の方法は，十分な観測ができれば良いのですが，文書の分類など現実の問題の場合は，修正が必要です．文書では出現頻度が低い単語が多数存在します．これら単語は，多くの文書を使って単語を集めても，1 回も現れないということが起こります．この場合，上記の方法では出現確率を 0 と推定します．もし，出現確率を 0 とした単語が出現すれば，そのカテゴリに属する確率も 0 と判断することになりますが，パラメータを推定するときに偶然観測できなかった可能性もあるので，適当な判断とはいえません．このような問題は，**ゼロ頻度問題**（zero frequency problem）とよばれています [24]．

ゼロ頻度問題に対処するため，単純に単語の出現回数を使うのではなく，出現回数を補正した値を使うことが行われます．このように出現回数を補正するこ

5.3 ナイーブベイズ分類器

とを，**ディスカウンティング**とよびます．文献 [24] には，いくつかの方法が紹介されています．その中で，容易に実現できるのが**加算法**で，出現回数に一定の値を加えます．さらに加える数が 1 の場合は，**ラプラス法**といいます[*7]．あるクラス k（フルーツポンチならば壺，文書ならばカテゴリ）に着目します．多数のボウルや文書を調べてカウントした特徴 $m(m = 1, \ldots, M)$ の出現回数が ν_m のとき，ラプラス法を用いると，出現確率 q_m は，

$$q_m = \frac{\nu_m + 1}{\sum_{m=1}^{M} \nu_m + M}, \tag{5.22}$$

と書けます．ここまでは，特徴の出現確率を考えていましたが，クラス（壺やカテゴリ）が選択される事前確率 $P(C^k)$ の推定にもラプラス法は適用可能で，

$$P(C^k) = \frac{\xi_k + 1}{\sum_{k=1}^{K} \xi_k + K}, \tag{5.23}$$

のように推定します．ここで，ξ_k は k 番目のクラスが選択された回数，K はクラス数です．

実際に特徴が出現する確率（フルーツの割合）や，クラスが選択される事前確率（壺が選ばれる確率）を推定するプログラムを示します．下記ソースコードを estParam.cpp として保存し，コンパイルにより，実行ファイル estParam を作成してください．

実行ファイルを作成後，下記の例のように，推定した生成モデル（estRatioFruits.dat と estPriorPot.dat）を格納するファイルと，保存したフルーツポンチのファイル（punch.dat），さらにクラス数（＝壺数）と特徴数（フルーツの数）を引数にして実行してください．

```
$ ./estParam estRatioFruits.dat estPriorPot.dat punch.dat 4 7
```

実行後に，推定したパラメータ（estRatioFruits.dat，estPriorPot.dat）の中身を確認してください．推定したパラメータが真のパラメータ（90 ページの ratioFruits.dat，priorPot.dat）と近くなるためには，工夫が必要でしょう．色々と試してください．

[*7] ラプラス法は，式 5.22 からもわかるように出現回数が少ない単語の出現確率を低く見積もる傾向があり [9]，その点には注意をすべきです．

コード 5.3. パラメータ推定プログラム estParam.cpp

```
1   // estParam.cpp
2   #include <iostream>
3   #include <fstream>
4   #include <string>
5   #include <vector>
6   #include <sstream>
7   #include <random>
8   using namespace std;
9   int main(int argc, char* argv[]){
10    string fnameRatio = argv[1];
11    string fnamePrior = argv[2];
12    string fnamePunch = argv[3];   // フルーツポンチファイル
13    int numc = stoi(argv[4]);      // クラス（＝壺）数
14    int ndim = stoi(argv[5]);      // 特徴（＝果物）数
15    string buf;
16    vector<vector<double>> Punch;  // フルーツポンチの情報を格納
17    vector<int> Cnum;              // もし，クラス（壺）情報があれば格納
18    ifstream ifilePunch( fnamePunch );
19    while( getline(ifilePunch,buf) ){
20      istringstream iss(buf);
21      vector<string> vbuf;
22      vector<double> vec;
23      string buf2;
24      //-- カンマ区切りで，前半（ボウル情報）と後半（壺情報）を分離
25      while( getline(iss, buf2, ',') )  vbuf.emplace_back(buf2);
26      if(vbuf.size()==2) Cnum.emplace_back(stoi(vbuf[1]));  //真の壺情報格納
27      else if(vbuf.size()==1) Cnum.emplace_back(-1); //壺情報がないときは-1
28      else break;            //空行と考えられるので処理をスキップ
29      istringstream iss2(vbuf[0]);
30      //-- カンマ区切りの前半（ボウル情報）を空白区切りで，切り出し
31      double d;
32      while( iss2 >> d ) vec.emplace_back(d);
33      if( !vec.empty() ) Punch.emplace_back(vec);
34    }
35    ifilePunch.close();
36    int nvec = Punch.size(); // フルーツポンチの数（ボウルの数）
37    //-- 事前確率の推定（頻度／総頻度）．0頻度を避けるため"1"を全クラスに与える
38    vector<double> Prior(numc,1); // 事前確率（まず壺の頻度を格納，1で初期化）
39    for( int i = 0 ; i < nvec ; i++ )
40      Prior[Cnum[i]]++;
41    double sum = 0;
42    for( int k = 0 ; k < numc ; k++ )  sum += Prior[k];  // 総頻度計算
```

```
43      for( int k = 0 ; k < numc ; k++ )  Prior[k] /= sum;  // 頻度／総頻度
44      //-- フルーツ（果物）の割合（壺ごとに果物が出現する条件付き確率）の推定
45      vector<vector<double>> RatioVecs(numc);  // 果物の頻度／総頻度
46      for( int k=0 ; k<numc ; k++ ) RatioVecs[k].resize(ndim,1); //1 で初期化
47      for( int i = 0 ; i < nvec ; i++ ){
48        int k = Cnum[i];         // クラス（壺）情報
49        for( int j = 0 ; j < Punch[i].size() ; j++ ){
50          int m = Punch[i][j]; // 特徴（果物）情報
51          RatioVecs[k][m]++;    // 頻度をプラス 1
52        }
53      }
54      for( int k = 0 ; k < numc ; k++ ){
55        double sum = 0;
56        for( int m=0 ; m<ndim ; m++ ) sum += RatioVecs[k][m];
57        for( int m=0 ; m<ndim ; m++ ) RatioVecs[k][m] /= sum; // ／総頻度
58      }
59      //--推定したモデルのパラメータを出力する
60      ofstream ofileRatio( fnameRatio );
61      for(int k=0; k < numc; k++){
62        for(int m=0; m < ndim-1; m++) ofileRatio << RatioVecs[k][m] << " ";
63        ofileRatio << RatioVecs[k][ndim-1] << endl;
64      }
65      ofileRatio.close();
66      ofstream ofilePrior( fnamePrior );
67      for( int k = 0 ; k < numc - 1 ; k++ ) ofilePrior << Prior[k] << " ";
68      ofilePrior << Prior[numc-1] << endl;
69      ofilePrior.close();
70    }
```

演習問題 5.10：プログラムによるパラメータの推定

　genPunch に与える「果物数やボウルの数」の値を色々と変えてフルーツポンチを生成し，これを用いて生成モデルのパラメータを estParam により推定する実験をしなさい．それぞれ推定値（estRatioFruits.dat, estPriorPot.dat）がどの程度真値（90 ページの ratioFruits.dat, priorPot.dat）に近くなるか，どのようにすれば精度が高くなるかを調べなさい（ヒント：包括的な定量的実験は大変です．ここでは一部に着目する実験例を示します．**ボウル数**と**果物数**（＝ボウルあたりの果物数）をそれぞれ，30,300,3000 の 3 通り変え，それぞれ乱数の種を 0 から 9 の 10 通り（あるいは 100 通り）変えてフルーツポンチを

生成し，パラメータを推定する実験を行います．**壺が選択される事前確率**の推定精度を，例えば estPriorPot.dat のトロピカルの壺に関する推定値が真の確率値 0.25 からどれだけ離れているかを RMSE（誤差の 2 乗の平均値の平方根）により求めます．そして**フルーツの割合**の推定精度を，例えばトロピカルの壺のマンゴーについて同様に求めます．これらを 3×3 の表にする方法です）．

5.4 現象（観測値）とモデル

　データ解析の多くは「モデルを用いて，データの背後にある特徴や関係を明らかにする」ことを行っています．特に本章で示した**生成モデル**（**確率モデル**，より一般的には**統計モデル**）は，どのようにして現象が起こっているか，どのようにして観測値が生成されるのかを表しており，現象（観測値）とモデルの関係がわかりやすい例です．**図 5.1** で説明します．一般の**現象**をそのまま扱うのは複雑なので，何らかの抽象化（単純化，近似，理想化）を行って**モデル**を構築します．また，モデルを具体的に特徴づける**パラメータ**は，5.3.5 項で示したように，モデルを現実の観測値にあてはめることで推定します．一方，生成モデルがあれば，観測値を生成するシミュレーションも行えます．実際に，5.3.3 項では，解析するためのデータをモデルから生成しました．モデルを使って"これから観測できるであろう値"を予測することも可能です．モデルは 1 つではなく，目的に合わせて変えるものです．良いモデルを使う，あるいは構築することは，有意義なデータ解析をするうえで本質的な課題です．

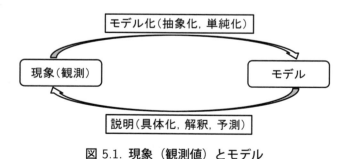

図 5.1. 現象（観測値）とモデル

　上記の関係を，ナイーブベイズ分類器が扱う分類問題に合わせて，より詳細化

したものが**図 5.2** です．図中の記号について説明します．あるボウルにおいて，それぞれのフルーツが出現する複合事象を X，この X を N 個のボウルについて束ねたものを $\mathcal{X}$ (**入力ベクトル**) としました．また，それぞれのボウルが k 番目の壺から取り出された事象を C^k，この C^k を同様に束ねたものを $\mathcal{C}$ (**クラスラベル**)，壺 k におけるフルーツの割合が $q_m^k(m=1,\ldots,M)$ であるという事象を q^k，これを束ねたものを $\mathcal{Q}$ (**モデルパラメータ**) としています．この図は，モデルパラメータ $\mathcal{Q}$ とクラスラベル $\mathcal{C}$ から，入力ベクトル $\mathcal{X}$ (ボウルの中身) をシミュレーションによって生成したり，モデルパラメータ $\mathcal{Q}$ と入力ベクトル $\mathcal{X}$ から，クラスラベル $\mathcal{C}$ (取り出した壺) を推定したり，入力ベクトル $\mathcal{X}$ とクラスラベル $\mathcal{C}$ からモデルパラメータ $\mathcal{Q}$ を推定したりする，というように互いに推定し合う関係にあることを表しています．推定するときに，観測できる情報のみから推定する場合は**最尤推定**，事前確率を考慮する場合は **MAP 推定**になります．パラメータの推定では，**ラプラス法**を適用しました (5.3.5 項)．このラプラス法は，単語出現の事前確率分布をディリクレ分布と仮定したときの MAP 推定になります (文献 [40] 参照)．この意味において，合理的な根拠 (モデル) に基づく手法であるといえます．本書では解説しませんが，もう 1 つの推定方法として，**ベイズ推定**があります (参考書 [5, 21])．これは，事前確率ではなく事前確率分布を考え，事後確率ではなく事後確率分布を予測する推定方法です．確率分布として予測値が得られるので，どのような値をどの程度の確率で取り得るか (信頼区間) までわかります．

5.5 平方和最小基準クラスタリングの別な見方

本節では，3.5 節に続き，確率論や確率モデルを踏まえたうえで，平方和最小基準クラスタリングの性質を説明します．途中，本書が想定する入門レベルを超える表現があります．最初は，式の雰囲気を追って頂き，最後の結論について，根拠のあることだと納得して頂ければ十分です．

今，次元数が M の入力ベクトル $x_i(i=1,\ldots,N)$ が N 個あり，この入力ベクトル集合全体を $\mathcal{X}$ と表します．それぞれの入力ベクトル x_i は，K 個のクラスタ $C^k(k=1,\ldots,K)$ のうちのどれかに属しているとします．各入力ベクトル x が属すクラスタ情報の全体 (=**クラスタリングの解**) を $\mathcal{C}$ と表します．そし

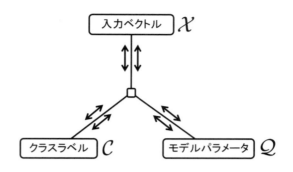

図 5.2. モデルパラメータと観測値

て，クラスタ C^k に属す入力ベクトル $\bm{x}_i$ は，「重心ベクトルが $\bm{\mu}_k$，各次元方向の分散が等しく σ^2 で，次元間に相関がない多次元正規分布」にしたがって生成されているとします．このとき，入力ベクトル $\bm{x}_i$ の確率密度関数 p は，

$$p(\bm{x}_i|\bm{x}_i \in C^k) = \frac{1}{(2\pi\sigma^2)^{M/2}} \exp\left(-\frac{\|\bm{x}_i - \bm{\mu}_k\|^2}{2\sigma^2}\right), \quad (5.24)$$

と表せます．確率密度関数は密度を表すので，M 次元空間上の微小体積において積分して初めて確率値になります．確率密度が高いほど，微小体積において積分したときの確率値は大きくなりますから，その意味で起こりやすくなります．

入力ベクトルは，互いに独立に生成されるものとします．すると，各入力ベクトルがクラスタ情報 $\mathcal{C}$ に基づき，指定されたクラスタに属しているという条件の下，それぞれの入力ベクトルが $\bm{x}_i$ というベクトル値を取る同時確率密度関数 $P(\mathcal{X}|\mathcal{C})$ は，それぞれの確率密度関数を掛け合わせたもの，すなわち

$$P(\mathcal{X}|\mathcal{C}) = \prod_{k=1}^{K} \prod_{\bm{x}_i \in C^k} \frac{1}{(2\pi\sigma^2)^{M/2}} \exp\left(-\frac{\|\bm{x}_i - \bm{\mu}_k\|^2}{2\sigma^2}\right), \quad (5.25)$$

と表せます．クラスタ情報（＝**クラスタリングの解**）$\mathcal{C}$ を変えると，同時確率密度関数 $P(\mathcal{X}|\mathcal{C})$ の値は変わります．探りたい（あるいは決定したい）情報がクラスタ情報 $\mathcal{C}$ であるとき，この式は，尤度を表しており（5.2 節参照），入力ベ

5.5 平方和最小基準クラスタリングの別な見方

クトルが与えられているとして，この関数値を最大にすることに基づいてクラスタリングの解を推定すること（これは**最尤推定**．5.3.3 項参照）ができます．両辺の自然対数をとる（大小関係は維持されます）と，右辺は

$$-\frac{NM}{2}\log(2\pi\sigma^2) - \frac{1}{2\sigma^2}\sum_{k=1}^{K}\sum_{\boldsymbol{x}_i \in C^k}\|\boldsymbol{x}_i - \boldsymbol{\mu}_k\|^2, \tag{5.26}$$

となります．ここで，σ は定数であることを考慮すると，この式の最大化は，

$$\sum_{k=1}^{K}\sum_{\boldsymbol{x}_i \in C^k}\|\boldsymbol{x}_i - \boldsymbol{\mu}_k\|^2, \tag{5.27}$$

の最小化であり，式 3.4 のクラスタ内平方和 J_W の最小化を意味します．

これらのことから，「**平方和最小基準クラスタリングは，各次元の分散が等しく，次元間に相関がない多次元正規分布を確率モデルとして仮定したときに，最尤推定の意味であてはまりが良いクラスタリングともいえる**」ことがわかります．これは，平方和や 2 乗誤差を考えるとき，正規分布の仮定が暗黙的に存在するということを意味します．クラスタリングもこのようにしてみれば，「**モデルを用いて，データの背後にある特徴や関係性を明らかにする**」という枠組みのデータ解析と考えることができます．

上記の説明から，クラスタリングの考え方を拡張することができます．

1. クラスタリングでは，入力ベクトルが属するクラスタは 1 つでした（**ハードクラスタリング**とよびます）．これをさまざまなクラスタに確率的に属すると考える拡張が可能です（これを**ソフトクラスタリング**とよびます）．
2. 平方和最小基準クラスタリングでは，多次元正規分布に対して色々な制約が付いていましたが，この制約を取り外し，分散や次元間の相関がクラスタごとに異なると仮定することが可能です．

これらを考慮したのが**混合分布モデル**であり，そのモデルパラメータ推定に用いられるアルゴリズムとして，**EM アルゴリズム**が知られています．これは，k-means アルゴリズムを特別な場合として含んでいます．

どのようなモデルを用いるかは，対象データや解析目的に依存します．3 章で用いた HokkaidoCities_xy.dat や HokkaidoTowns_xy.dat は，クラスタごとに分散が違うような分布をしている，と強く主張しにくいので，より複雑なモ

デルを使う意義は少ないように思います．一般に，より複雑なモデルを使うときは，対象データの分布が複雑なモデルに合っていること，推定するパラメータ数が増えるのに応じた多くのデータがあること，などが求められます．

5.6 「確率の対数」を使うことについての補足

対数関数を知っている方でも，確率の計算に対数を使うことには慣れていないかもしれません．ここで例を使いながら，補足いたします（すでに理解されている方は読み飛ばしてください）．

最初は対数の性質から説明します．対数を使う意味は，掛け算が足し算になることです．例えば，

$$\log(6) = \log(2 \times 3) = \log(2) + \log(3),$$
$$\log(a \times b) = \log(a) + \log(b), \tag{5.28}$$

です．ぜひこの式の6の例を電卓で確かめてください．そのとき，常用対数（底が10，電卓ではlogボタン）と自然対数（底がe，電卓ではlnボタン）のいずれを使っても等号が成り立つ（混ぜてはいけません！）ことも納得してください．

対数の値がわかっていれば，逆関数である指数関数により対数をとる前の値を求めることができます（ぜひ試してください）．ただし，大小関係を知りたいのであれば，底が10やeのように1よりも大きい場合は，対数関数は単調増加なので，対数値の大小で判断することができます．（例：$\log(6) < \log(7)$）

次に，確率の計算において，対数を使う理由を説明します．独立に起きる事象の複合事象は，それぞれの事象が起きる確率の掛け算（積）で求めることができます．例えば，サイコロを振って，1回目に「1」が2回目に「6」が出る確率は，$1/6 \times 1/6 = 1/36$ と計算できることが相当します．文書において単語の出現を考えるときなどは，膨大な数の掛け算をすることになります．一般にこのような場合は，計算時間や桁落ちの防止などを考え，対数化して足し算で計算するのが適当です．確率が尤度である場合，確率（尤度）の対数をとったものを**対数尤度**とよびます．尤度も確率のうちですので，同じものと考えてください．

例えば「事象Aが起こる対数尤度が -3.0，事象Bが起こる対数尤度が -5.0 で，事象Aと事象Bが独立に起きる事象であるとき，事象Aと事象Bが同時に起きる事象の対数尤度は？」に対する答えは，$-3.0 - 5.0 = -8.0$ になります．

第6章
特徴変換

　データ解析は，特徴ベクトル（＝入力ベクトル）に対して行われます．これを適切に用意することは，データ解析における本質的な問題です．本章では，**特徴変換によって適切な特徴ベクトルを得る**ことに関し，代表的な技術を紹介します（特徴の分析・特徴を用いた解析とも関係する技術です）．それに関連して，特徴ベクトルなどを**行列**で表現する方法と，行列演算ライブラリ Eigen の使い方（の例）を示します．

6.1　特徴ベクトルの行列表現

　3章では解析対象である特徴ベクトル（＝入力ベクトル）を，「N 個の入力ベクトル $\boldsymbol{x}_i (i=1,\ldots,N)$」と表しました．本章ではこれに付け加え，特に断らない限り，$\boldsymbol{x}_i$ は下記のような M 次元の列ベクトルであるとします[*1]．

$$\boldsymbol{x}_i = \begin{pmatrix} x_{1i} \\ \vdots \\ x_{mi} \\ \vdots \\ x_{Mi} \end{pmatrix}. \tag{6.1}$$

　ここで，M は次元数，添字における m は何次元目であるかを表すものとします．上記の列ベクトルは，転置の記号 $()^t$ を用いて，$\boldsymbol{x}_i = (x_{1i},\cdots,x_{mi},\cdots,x_{Mi})^t$ と表すこともあります．この入力ベクトルの集合を $\mathcal{X}$ と書きます．ベクトル数を N 個とするとき，集合 $\mathcal{X}$ に属する入力ベクトルを束にした**入力ベクトル行列**を

[*1] `HokkaidoTowns_xy.dat` などのデータファイルでは，各行が入力ベクトルに対応します．

$$X = \begin{pmatrix} x_{11} & \cdots & x_{1i} & \cdots & x_{1N} \\ \vdots & \ddots & \vdots & \ddots & \vdots \\ x_{m1} & \cdots & x_{mi} & \cdots & x_{mN} \\ \vdots & \ddots & \vdots & \ddots & \vdots \\ x_{M1} & \cdots & x_{Mi} & \cdots & x_{MN} \end{pmatrix}, \tag{6.2}$$

のように M 行 N 列の行列（$M \times N$ 行列）で表します．行列表現は，いくつものメリットがあります．データ数や次元数が多くなっても，数式で表した関係や処理が行えること，大規模なデータもたった 1 つの記号で表せること，処理の本質をより抽象的なレベルで俯瞰できること，などです．また，処理プログラムを書くときに，行列演算ライブラリを使えば，簡潔に処理を表すことが可能です（本章においても数式とプログラムのソースコードを対応させていますが，行列演算の内部はブラックボックスとして扱います）．

今度は，3 章の総平方和 J_T（3.5 節の式 3.6）

$$J_T = \sum_{i=1}^{N} \|\boldsymbol{x}_i - \boldsymbol{\mu}\|^2, \tag{6.3}$$

を行列演算で表してみましょう．まず，3 章で $\boldsymbol{\mu}$ と表していた**入力ベクトル集合全体の重心**は，

$$\boldsymbol{\mu} = \begin{pmatrix} \bar{x}_{1\cdot} \\ \vdots \\ \bar{x}_{m\cdot} \\ \vdots \\ \bar{x}_{M\cdot} \end{pmatrix} = \frac{1}{N} \begin{pmatrix} \sum_i x_{1i} \\ \vdots \\ \sum_i x_{mi} \\ \vdots \\ \sum_i x_{Mi} \end{pmatrix}, \tag{6.4}$$

と書けます．これは「**行列 X を横方向に平均したものが重心ベクトル $\boldsymbol{\mu}$ である**」と解釈できます．ここで "$\bar{x}_{m\cdot}$" は m 次元目の値の平均という意味です．次に，各入力ベクトル $\boldsymbol{x}_i$ から重心ベクトル $\boldsymbol{\mu}$ を差し引いたベクトルを束ねた行列

$$D = \begin{pmatrix} x_{11} - \mu_1 & x_{12} - \mu_1 & \cdots \\ \vdots & \vdots & \vdots \\ x_{m1} - \mu_m & x_{m2} - \mu_m & \cdots \\ \vdots & \vdots & \vdots \\ x_{M1} - \mu_M & x_{M2} - \mu_M & \cdots \end{pmatrix} \tag{6.5}$$

6.1 特徴ベクトルの行列表現

を考えます．この行列を使って

$$S = DD^t,$$
$$= \begin{pmatrix} \sum_i(x_{1i}-\mu_1)(x_{1i}-\mu_1) & \sum_i(x_{1i}-\mu_1)(x_{2i}-\mu_2) & \cdots \\ \sum_i(x_{2i}-\mu_2)(x_{1i}-\mu_1) & \sum_i(x_{2i}-\mu_2)(x_{2i}-\mu_2) & \cdots \\ \sum_i(x_{3i}-\mu_3)(x_{1i}-\mu_1) & \sum_i(x_{3i}-\mu_3)(x_{2i}-\mu_2) & \cdots \\ \vdots & \vdots & \vdots \\ \sum_i(x_{Mi}-\mu_M)(x_{1i}-\mu_1) & \sum_i(x_{Mi}-\mu_M)(x_{2i}-\mu_2) & \cdots \end{pmatrix} \quad (6.6)$$

$$C_{ov} = \frac{1}{N}DD^t, \quad (6.7)$$

と表せるものを，X についての**変動行列**（scatter matrix）S（$M \times M$ 行列），および**分散共分散行列**（variance-covariance matrix）C_{ov} といいます[*2]．変動行列 S の**トレース**（対角成分和）tr(S) をとると，

$$\text{tr}(S) = \sum_{m=1}^{M}\sum_{i=1}^{N}(x_{mi}-\mu_m)(x_{mi}-\mu_m) \quad (6.8)$$

$$= \sum_{i=1}^{N}\sum_{m=1}^{M}(x_{mi}-\mu_m)(x_{mi}-\mu_m) \quad (6.9)$$

$$= \sum_{i=1}^{N}(\boldsymbol{x}_i-\boldsymbol{\mu})^t(\boldsymbol{x}_i-\boldsymbol{\mu}) = \sum_{i=1}^{N}\|\boldsymbol{x}_i-\boldsymbol{\mu}\|^2 \quad (6.10)$$

$$= J_T, \quad (6.11)$$

となり，総平方和 J_T と等しくなります．これで J_T を行列演算で表すことができました．このことは，「変動行列の対角成分和 tr(S) は，重心 $\boldsymbol{\mu}$ からのユークリッド 2 乗距離の和である」を意味します．なお，分散共分散行列の $m(m=1,\ldots,M)$ 番目の対角成分は入力ベクトル集合の m 次元目の要素に関する**分散**を表し，対角成分以外は**共分散**を表します．共分散は異なる次元同士の**相関**と密接に関わります．すなわち，入力ベクトルのある次元 m_1 の値が平均よりも大きいとき，他の次元 m_2 の値が平均より**大きい傾向にある（共分散は正の大きな値，正の相関）**のか，**小さい傾向にある（共分散は負の大きな値，負**

[*2] クラスやクラスタごとの変動行列や分散共分散行列と区別する場合は，これらと同じものを総変動行列 S_T，および総分散共分散行列 C_{ovT} とよぶことにします．

の相関) のか，どちらともいえない（共分散の絶対値が小さい．無相関あるいは相関が小さい）のかを表します．厳密にいえば，共分散の値が入力ベクトルの値のスケールに依存するため，"大きい" という目安は曖昧です．大きさを判断するには，スケール非依存にする必要があり，各次元の分散が1になるように，入力ベクトル行列 X（あるいは D）を正規化（次元ごとの標準偏差で割る）してから，分散共分散行列 C_{ov} を求めるべきです．そしてスケール非依存で求めた分散共分散行列は，**相関行列**[*3]P になります．

上記行列（S と C_{ov}）の算出については，入力ベクトル行列 X と重心ベクトル μ（列ベクトル，$M \times 1$ 行列相当）を用い，

$$S = XX^t - N\mu\mu^t, \tag{6.12}$$

$$C_{ov} = \frac{1}{N}XX^t - \mu\mu^t, \tag{6.13}$$

$$R = \frac{1}{N}XX^t, \tag{6.14}$$

で求めることができます．式 6.13 の導出を付録 B.2.1 で示します．上式で示した R は，**自己相関行列**です．これは**相関行列** P と異なり，原点（重心ではなく）から見た相関情報を表します（この R もデータ解析で重要な役割を担います）．

分散共分散行列 C_{ov} を計算するプログラムを示します．行列演算ライブラリ Eigen を使うため，下記を参考にして Makefile の CXXFLAGS の項目に "-I/usr/include/eigen3" を追加してください．これは，インクルードパス（コンパイラやソースコードファイルが参照するディレクトリ）として，/usr/include/eigen3 を追加するという指定です．実際のパスは，Eigen3 のインストール先に依存しますので，適宜変更してください（下記は 2.7 節のようにして環境を構築した場合）．

```
CXX = g++
CXXFLAGS = -O3 -I/usr/include/eigen3
.....
```

下記ソースコードを calcCov.cpp として保存し，コンパイルにより，実行ファイル calcCov を作成してください．実行は，次のようにデータファイル

[*3] **ピアソンの積率相関係数**を要素とする行列の意味．

6.1 特徴ベクトルの行列表現　　　　　　　　　　　　　　　　　　　　　109

コード 6.1. 分散共分散行列算出プログラム calcCov.cpp

```cpp
// calcCov.cpp
#include <string>
#include <vector>
#include <iostream>
#include <fstream>
#include <sstream>
#include <Eigen/Dense>
using namespace Eigen;
using namespace std;
int main(int argc, char* argv[]){
  vector<double> vec;
  string buf;
  int nvec = 0;                      // データ数初期化
  while( getline(cin, buf) ){        // 標準入力（cin）から 1 行ずつ読み込む
    istringstream iss(buf);
    nvec++;                          // データ数更新
    double d;
    while( iss >> d ) vec.emplace_back(d);  // 配列に加える
  }
  int ndim = vec.size() / nvec;      // 次元数 ndim=M 算出
  MatrixXd X   = Map<MatrixXd>(&(vec[0]),ndim,nvec); // 配列を行列に変換
  cerr << "（行数，列数）= " << X.rows() << ", " << X.cols() << endl;
  VectorXd mu = X.rowwise().mean();
  MatrixXd Cov = 1/(double)nvec*X*X.transpose() - mu*mu.transpose();
  cout << Cov << endl;
  double trCov = Cov.trace();
  cerr << "（tr(Cov), tr(S)) = " << trCov << ", " << nvec*trCov << endl;
}
```

（例では，`HokkaidoTowns_xy.dat` を使いました）を標準入力ヘリダイレクトしてください（入力するデータファイルは，行ごとに入力ベクトルの値が空白（半角スペースやタブなど）で区切られているとします）．ソースコード中の重要な部分（行番号で指定）を解説します．

14-19 浮動小数点型の 1 次元配列 vec に，入力データをすべて入れる．そのときに行数（＝ベクトル数）を変数 nvec でカウント

　20 総データ数／ベクトル数により次元数 ndim を算出

21 配列 vec を変換し，Eigen ライブラリの浮動小数点型の行列 X に入れる．このとき，vec の内容を列方向優先で行列に入れていくため，行列 X の行数が次元数，列数がベクトル数になる（**入力ベクトル行列**の並び方に従う）．入力データファイルは，ベクトルの内容が行ごとに入っているとするので，感覚的には転置をして代入することになる

23 行列 X の各行について平均を取る rowwise().mean() 操作により，重心ベクトル mu を列ベクトル（$M \times 1$ 行列相当）として算出

24 式 6.13 に基づいて，分散共分散行列 Cov を算出（transpose() は転置行列を返すメソッド）

25 分散共分散行列 Cov を出力

26 分散共分散行列の対角成分和を trace() 操作により取得

27 標準エラー出力に分散共分散行列および変動行列の対角成分和を出力

実行すると，分散共分散行列が出力されます．また，標準エラー出力では，入力ベクトル行列の（行数，列数），分散共分散行列 C_{ov} および変動行列 S の対角成分和（tr(Cov) および tr(S)）を示します．

```
$ ./calcCov < HokkaidoTowns_xy.dat
(行数, 列数) = 2, 179
11105.3 3238.98
3238.98 8638.36
(tr(Cov), tr(S)) = 19743.7, 3.53412e+06
```

演習問題 6.1：総平方和と変動行列の対角成分和の比較

calcJw により HokkaidoTowns_xy.dat の総平方和 J_T を算出し，上記の変動行列の対角成分和 tr(S) と等しくなることを確認しなさい（ヒント：クラスタ数が 1 のクラスタリング結果を使う）．

6.2 主成分分析

主成分分析（PCA: Principle Component Analysis）は，次元削減のための手法です．次元削減といっても，ある特定の次元の情報を切り捨てるのではな

6.2 主成分分析

く，回転などの座標変換により分散が大きな成分（軸）（さまざまな次元の情報が混ざっています）を見つけ，なるべく分散が大きな成分（軸）を残すことで次元削減を実現します．

入力ベクトル x を行列 A^t により，

$$y = A^t x, \tag{6.15}$$

のように変換することを考えます．ここで y は変換後の入力ベクトルです．最初は，変換後のベクトル y（＝入力ベクトル行列 Y）に関する分散共分散行列 C'_{ov} を求めてみます．入力ベクトル行列 Y は $A^t X$，その重心ベクトルは $A^t \mu$ と表せるので，

$$\begin{aligned} C'_{ov} &= \frac{1}{N}(A^t X)(A^t X)^t - (A^t \mu)(A^t \mu)^t \\ &= \frac{1}{N} A^t X X^t A - A^t \mu \mu^t A \\ &= A^t \left(\frac{1}{N} X X^t - \mu \mu^t \right) A \\ &= A^t C_{ov} A, \end{aligned} \tag{6.16}$$

となります．ここで，C_{ov} は，元の入力ベクトル行列 X に関する分散共分散行列です（変動行列についても $S' = A^t S A$ が成り立ちます）．

変換行列はさまざまなものを考えることができますが，以下では**直交行列**に限定します．行列 A について $A^t A = A A^t = I$（I は単位行列）が成り立つとき，行列 A は直交行列になります．直交行列による変換，すなわち正規直交変換（以下**直交変換**とよぶ）では，「任意のベクトル間の内積を変えない」という性質があります．実際，ベクトル x_1, x_2 とこれを直交行列 A^t で変換したベクトル y_1, y_2 の内積は，

$$y_1^t y_2 = (A^t x_1)^t (A^t x_2) = x_1^t A A^t x_2 = x_1^t x_2,$$

のように等しくなります（ベクトル u, v を $M \times 1$ の行列とみなせば，その内積は $u^t v$ と表せます．また，$(AB)^t = B^t A^t$ が成り立ちます）．任意のベクトル間のユークリッド2乗距離は差分ベクトルの内積で表せるので，ベクトル間の距離を変えません．また，cos が内積を使って表せることからもわかるように，ベクトル間の角度も変えません（図 **6.1**）．したがって，重心から各入力ベクト

ルまでの距離も，相対的な位置関係（角度など）も変えません．感覚的にいえば，回転などにより，データを見る方向を工夫することに相当します．

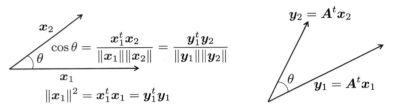

図 6.1. 直交変換の前後における長さと角度

直交行列の中で，さらに変換後の分散共分散行列 C'_{ov} を**対角行列**（対角成分以外の値が "0" である行列）にするものがあり，対角行列を Λ としたとき，

$$C'_{ov} = A^t C_{ov} A = \Lambda, \tag{6.17}$$

と表せます．これを実現する直交行列の 1 つが，分散共分散行列 C_{ov} に関する固有ベクトル行列 Φ であり，**実対称行列の対角化**[*4]の考え方を用いて算出します．線形代数の知見として，

> 『任意の**実対称行列** M に対して，適当な**直交行列** Φ を選んで $\Phi^t M \Phi$ を**対角行列**にすることができる．そのとき，対角行列 $\Phi^t M \Phi$ の対角成分は M の**固有値**であり，すべて実数である．』

があります．説明を省きますが，式6.6,6.7 からわかるように実対称行列である分散共分散行列 C_{ov} について M 個[*5]の**固有値**（eigen value）$\lambda_m (m = 1, \ldots, M)$ と，それぞれの固有値 λ_m に対する**固有ベクトル**（eigen vector）ϕ_m[*6]を求めることができ，固有値 λ_m を対角要素とするのが対角行列 Λ で，固有ベクトル ϕ_m を束ねたものが**固有ベクトル行列** Φ になります．固有値や固有ベクトルを求めることを固有値分解とよび，そのためのクラスが行列演算ライブラリ Eigen に用意されています．主成分分析による次元圧縮は，前述の固有ベクトル行列 Φ

[*4] 実対称行列とは，要素が実数かつ，i 行 j 列要素と j 行 i 列要素が等しい（対称）行列で，$M^t = M$ のように転置行列が元の行列と等しくなります．

[*5] 厳密には，ランク落ちにより少なくなることがあります．

[*6] 本章では ϕ_m を列ベクトルとします．

6.2 主成分分析

の転置行列 Φ^t により入力ベクトルを変換し，変換後のベクトル y から，大きな固有値に対応する次元（軸）の値だけを残すことで実現できます．Eigen では，各次元（軸）$m(m=1,\ldots,M)$ の固有値を昇順で出力します．最も固有値が大きい（＝分散が大きい）次元（軸）を第 1 主成分（主軸）とよび，2 番目に大きい次元（軸）を第 2 主成分とよびます．

入力ベクトルを固有ベクトル行列の転置行列 Φ^t で変換するプログラムを示します．下記ソースコードを transform.cpp として保存し，コンパイルにより，実行ファイル transfrom を作成してください．実行は，下記のようにデー

コード 6.2. ベクトル変換プログラム transform.cpp

```
// transform.cpp
#include <string>
#include <vector>
#include <iostream>
#include <fstream>
#include <sstream>
#include <Eigen/Dense>
using namespace Eigen;
using namespace std;
int main(int argc, char* argv[]){
  vector<double> vec;
  string buf;
  int nvec = 0;                        // データ数初期化
  while( getline(cin, buf) ){          // 標準入力（cin）から 1 行ずつ読み込む
    istringstream iss(buf);
    nvec++;                            // データ数更新
    double d;
    while( iss >> d ) vec.emplace_back(d); // 配列に加える
  }
  int ndim = vec.size() / nvec;        // 次元数 ndim=M 算出
  MatrixXd X   = Map<MatrixXd>(&(vec[0]),ndim,nvec); // 配列を行列に変換
  cerr << " (行数, 列数) = " << X.rows() << ", " << X.cols() << endl;
  VectorXd mu = X.rowwise().mean();
  MatrixXd Cov = 1/(double)nvec*X*X.transpose() - mu*mu.transpose();
  SelfAdjointEigenSolver<MatrixXd> es(Cov);
  MatrixXd Phi = es.eigenvectors(); // 固有ベクトル行列
  cout << X.transpose()*Phi << endl;// 変換後の入力ベクトル行列の転置を出力
}
```

タファイル（例では，HokkaidoTowns_xy.dat を使いました）を標準入力へリダイレクトしてください（入力するデータファイルは，行ごとに入力ベクトルの値が空白（半角スペースやタブなど）で区切られているとします）．ソースコード中の重要な部分を解説します．24 行目までは，calcCov.cpp と同じです．

25 分散共分散行列を引数にして，固有値分解用のソルバー es を宣言
26 固有ベクトル行列を返す操作（メソッド）を実行
27 変換後の入力ベクトル行列を転置してから出力（入力するデータファイルと同じように行ごとに入力ベクトルを出力するため，転置を行う．関係式「$Y^t = (\Phi^t X)^t = X^t \Phi$」参考）

実行すると，変換された入力ベクトル行列 Y が転置されて出力されます．下記では，出力を HokkaidoTowns_xy2.dat へリダイレクトしています．その出力に対して分散共分散行列を calcCov で計算し，これが対角行列（対角成分以外がほぼ 0）になること，変動行列の対角成分和 $\mathrm{tr}(S)$ が変わらないこと，などが確認できます．対角成分和が変わらないのは，直交行列は重心から各入力ベクトルまでの距離も含め，**任意のベクトルの長さを変えないからです**．

```
$ ./transform < HokkaidoTowns_xy.dat > HokkaidoTowns_xy2.dat
（行数，列数）= 2, 179
$ ./calcCov < HokkaidoTowns_xy2.dat
（行数，列数）= 2, 179
    6405.95 -0.00109902
-0.00109902      13337.7
(tr(Cov), tr(S)) = 19743.7, 3.53412e+06
```

可視化により，変換前と後とを比較しましょう．下記 gnuplot スクリプトを Hokkaido_xyMulti.plt というファイル名で保存してください．

```
1  set terminal postscript eps enhanced
2  set size ratio -1
3  set output "Hokkaido_xyMulti.eps"
4  set xrange [-200:400]
5  set yrange [-200:300]
6  set multiplot layout 1,2
7  plot "HokkaidoTowns_xy.dat" pt 6 title "Before"
8  plot "HokkaidoTowns_xy2.dat" u 2:1 pt 6 title "After transform"
```

6.2 主成分分析

ここでは，"set multiplot layout 1,2" により，作成した 2 つのグラフを左右に並べて出力する指定をしています．また，変化の後のデータを格納した HokkaidoTowns_xy2.dat は，元の座標からの変化を捉えやすいように，第 1 カラム目を y 座標，第 2 カラム目を x 座標とする指定 "u 2:1" をしています．

```
$ gnuplot Hokkaido_xyMulti.plt
```

上記とすることで，グラフが Hokkaido_xyMulti.eps へ出力されます．これを表示したのが，図 6.2 です．変換により，多少右肩上がり（正の相関を示す）であったデータが，傾きがない状態（無相関）へ変わりました．変換後の図の x 方向（第 1 主成分）に相当する分散値は，"13337.7" であり，変換前の最大の分散値である "11105.3" を上回っています．2 次元データでは，実感が湧きにくいと思いますが，固有値分解で得た固有ベクトル行列の転置行列 Φ^t による直交変換は，**無相関化**と**分散を特定の軸に集める**効果をもたらします．

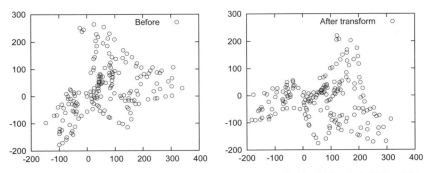

図 6.2. 固有ベクトル行列の転置行列 Φ^t による変換前（左）と変換後（右）

より多くの次元を持つ wine データセットに対して主成分分析を適用してみましょう．UCIrvine の機械学習レポジトリにある wine のページ [1]https://archive.ics.uci.edu/dataset/109/wine/ （2024.09.12 訪問）からダウンロードボタンを押下することで，wine.zip が得られます．下記のような手順で，前処理をしてください．1 行目は zip 形式ファイルの展開です．得られた wine.data は，1 列目にワインの種類を表すラベル情報（1or2or3），2〜14 列目に 13 次元の特徴データを持ちます．2 行目で 13 次元のデータを

wine13.dat に，3 行目でラベル情報（1 列目）を wine.lbl に出力しています．cut は区切り文字（今回は","）を設定し，指定した列を取り出すコマンドです（cut は区切りを文字単位で行います．区切りが空白の場合注意が必要です．awk は連続する複数の空白も 1 つの区切りと見ますが，cut は複数の区切りがあると見ます）．この出力をパイプ"|"により「tr , ' '」の標準入力につなげています．「tr , ' '」の "tr" は**文字を変換するコマンド**で，ここではカンマ "," を半角スペース ' ' に変換します．これによりカンマ区切りのデータが空白区切りに変換されます．

```
$ unzip wine.zip
$ cut -d "," -f 2-14 wine.data | tr ',' ' ' > wine13.dat
$ cut -d "," -f 1 wine.data > wine.lbl
```

主成分分析を行い，第 1,2 主成分（13,12 列目）とラベルを winePCA.dat に出力し，可視化のため処理を行う様子を下記に示します．

```
$ ./transform < wine13.dat > result.dat
(行数，列数) = 13, 178
$ awk '{print $13,$12}' result.dat | paste - wine.lbl > winePCA.dat
$ gnuplot winePCA.plt
```

上記で使う winePCA.plt の例を示します．

```
1  set terminal postscript color eps enhanced
2  set size ratio 0.7 0.8
3  set key outside
4  set output "winePCA.eps"
5  plot \
6  "winePCA.dat" u 1:($3==1 ? $2 : 1/0) pt 4 title "wine1",\
7  "winePCA.dat" u 1:($3==2 ? $2 : 1/0) pt 6 title "wine2",\
8  "winePCA.dat" u 1:($3==3 ? $2 : 1/0) pt 8 title "wine3"
```

出力結果の winePCA.eps を**図 6.3** に示します（本来はカラーですが，白黒で表示）．ラベル情報を使わない「教師なし学習」なのでワインの種類を考慮していませんが，図 6.3 はワインの種類による傾向の違いをある程度表しています．主成分分析は，13 次元空間から違いがわかる 2 次元を見つけているといえます．

6.2 主成分分析

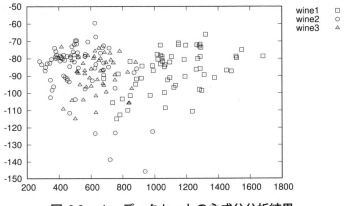

図 6.3. wine データセットの主成分分析結果

6.2.1 直交変換の性質について

ここまでは，**直交行列**が重心から各入力ベクトルまでの距離も含め，**任意のベクトルの長さを変えない**から，トレース（対角成分和）が変わらないと説明しました．本項では，これを数式により示します．

まず準備として，行列の積 AB について

$$\begin{aligned}
\mathrm{tr}(AB) &= \sum_i \sum_j a_{ij} b_{ji} \\
&= \sum_i \sum_j b_{ji} a_{ij} = \sum_j \sum_i b_{ji} a_{ij} \\
&= \sum_i \sum_j b_{ij} a_{ji} \\
&= \mathrm{tr}(BA),
\end{aligned} \tag{6.18}$$

が成り立つことを確認してください．これを利用して，変換前後の分散共分散行列 C_{ov} と C'_{ov} の対角成分和 (トレース) を比べると，

$$\begin{aligned}
\mathrm{tr}(C'_{ov}) &= \mathrm{tr}(A^t C_{ov} A) = \mathrm{tr}((A^t C_{ov}) A) \\
&= \mathrm{tr}(A A^t C_{ov}) \\
&= \mathrm{tr}(C_{ov}),
\end{aligned} \tag{6.19}$$

が導け，「**直交変換は，変換の前後で分散共分散行列および変動行列の対角成分和（トレース）を変えない**」がいえます．式変形では，$AA^t = I$ を使いました．

演習問題 6.2：直交変換の実施

`HokkaidoTowns_xy.dat` を固有値分解で得た固有ベクトル行列の転置行列 Φ^t による直交変換して，変換後の図を作成し（図 6.2 と同じになるはず），直交変換の特徴，Φ^t による変換の性質（無相関化）を確認しなさい．

6.2.2 CSV 形式への対応

これまでは，空白区切りのデータ形式を前提としていました．しかし，一般にはさまざまな形式のデータがあります．すべてに対応するのは大変ですが，よく見かける「ヘッダ行が付いた CSV 形式（カンマ "," 区切り）」への対応策を示します．表 6.1 は，国立教育政策研究所による「平成 30 年度 全国学力・学習状況調査【都道府県別】調査結果資料」にある，都道府県別の中学生に対する全国学力テストの平均点です．もちろんヘッダなしの空白切りのファイルを作ることも可能ですが，ヘッダ付きの CSV 形式で，`Gakuryoku30.csv` という名前で保存してください．この CSV 形式のファイルを入力として，`calcCov` により分散共分散行列を算出してみましょう．例えば，

```
$ awk 'NR > 1' Gakuryoku30.csv | tr , ' ' | ./calcCov
(行数, 列数) = 4, 47
1.67133  1.77866  2.28491  2.52093
1.77866  2.53694  2.2227   3.07239
2.28491  2.2227   4.95494  4.65115
2.52093  3.07239  4.65115  5.5418
(tr(Cov), tr(S)) = 14.705, 691.135
```

のようにすると処理ができます．ここで "`awk 'NR > 1' Gakuryoku30.csv`" は，2.5 節で紹介した awk による処理です．awk において，"NR" は，**これまでに読み込んだ行数**を意味します．すなわち，読み込んだ行数が 1 を超えている（つまり 2 行目まで読んだ以降）なら処理をする（ここでは，何も書いていないので行の内容全部を出力します）という意味になり，結果的に先頭行 1 行を取り除きます．これを tr（文字変換コマンド）につなげてカンマ区切りを空白

6.2 主成分分析

表 6.1. 平成 30 年度 全国学力・学習状況調査【都道府県別】

1	国語 A, 国語 B, 数学 A, 数学 B		75.3,59.7,66.6,45.7
2	76.6,61.2,64.9,45.8		74.6,58.3,65.2,44.7
3	77.2,60.9,66.9,45.9		76.6,62.2,67.1,48.0
4	75.8,60.9,61.9,43.0		74.7,59.4,65.2,45.7
5	76.8,61.8,65.1,46.6		76.8,60.9,68.7,48.5
6	79.9,65.8,69.6,50.6		75.7,60.1,66.2,46.3
7	76.7,61.0,65.1,45.8		74.9,58.8,67.0,45.0
8	75.6,60.6,63.6,43.9		76.2,60.2,65.7,45.2
9	76.6,61.9,66.3,46.7		76.1,60.7,64.3,44.9
10	75.7,60.6,64.6,46.1		75.6,59.3,65.2,44.3
11	77.3,63.0,66.9,48.2		76.4,60.9,65.8,46.2
12	75.2,60.7,65.0,46.5		76.7,61.5,67.2,46.5
13	76.0,61.2,64.0,46.0		76.6,60.4,69.1,46.6
14	76.8,63.4,67.3,49.3		76.0,59.6,66.9,45.6
15	75.7,61.9,65.6,47.7		77.2,62.0,68.7,48.6
16	76.5,61.9,67.1,46.9		75.3,59.7,64.1,43.2
17	77.8,62.6,70.4,51.0		75.5,60.7,64.6,45.5
18	78.9,65.0,70.6,51.8		74.9,59.3,64.4,44.2
19	79.2,63.6,72.0,52.5		75.3,59.9,65.1,45.4
20	76.4,62.4,65.7,47.8		74.9,59.3,64.8,45.6
21	76.5,61.3,65.5,45.9		76.7,61.5,66.3,45.3
22	75.9,62.3,67.3,49.0		75.3,59.5,64.2,44.2
23	77.6,62.9,67.9,49.1		75.0,58.5,64.4,45.1
24	76.1,61.4,68.7,49.1		71.7,58.4,59.1,39.5

区切りにしています．この出力を calcCov の標準入力につなげて，この処理を実現しています．出力を見ると，国語に比べて数学の分散が大きいこと，互いに相関が高い（国語ができる生徒は数学もできる）こと，などが読み取れます．Gakuryoku30.csv を実際に処理し，分散共分散行列を求めてみてください．

6.2.3 ホワイトニング変換および相関行列

前項では，固有ベクトル行列の転置行列 $\boldsymbol{\Phi}^t$ による変換を紹介し，この変換により，入力ベクトルの分散共分散行列 $\boldsymbol{C}_{ov}$ が対角行列 $\boldsymbol{\Lambda}$ になることを示しました．ここでは，もう一歩進めて，分散共分散行列を単位行列 $\boldsymbol{I}$ にする変換を紹介します．このような変換は，下式のように $\boldsymbol{\Phi}^t$ の後で，$\boldsymbol{\Lambda}^{-1/2}$ の変換を追加することで実現できます [17]．

$$\boldsymbol{y} = \boldsymbol{\Lambda}^{-1/2}\boldsymbol{\Phi}^t\boldsymbol{x}, \tag{6.20}$$

$$\boldsymbol{C}'_{ov} = \boldsymbol{\Lambda}^{-1/2}\boldsymbol{\Phi}^t \boldsymbol{C}_{ov} \boldsymbol{\Phi} \boldsymbol{\Lambda}^{-1/2} = \boldsymbol{\Lambda}^{-1/2}\boldsymbol{\Lambda}\boldsymbol{\Lambda}^{-1/2} = \boldsymbol{I}. \tag{6.21}$$

ここで，$\boldsymbol{\Lambda}^{-1/2}$ は対角行列で，その要素が $\boldsymbol{\Lambda}$ の要素である固有値 λ_m の $-1/2$ 乗 $\lambda_m^{-1/2} = 1/\sqrt{\lambda_m}$ をとります．変換のイメージをボールで説明すると，「斜

めに立てかけたラグビーボールを平らな床に置き，上下左右に伸ばしてサッカーボールにする」となります．この $\Lambda^{-1/2}\Phi^t$ による変換を**ホワイトニング変換**（Whitening transformation）とよびます．これを実現するソースコード `transformW.cpp` は下記（26 行目までは `transform.cpp` と同じ）となります．

```
1    // transformW.cpp ホワイトニング変換
     ............中略.............
21   MatrixXd X  = Map<MatrixXd>(&(vec[0]),ndim,nvec); // 配列を行列に変換
22   cerr << " (行数, 列数) = " << X.rows() << ", " << X.cols() << endl;
23   VectorXd mu = X.rowwise().mean();
24   MatrixXd Cov = 1/(double)nvec*X*X.transpose() - mu*mu.transpose();
25   SelfAdjointEigenSolver<MatrixXd> es(Cov);
26   MatrixXd Phi = es.eigenvectors();        //固有ベクトル行列
27   MatrixXd T = es.eigenvalues().cwiseSqrt().cwiseInverse().asDiagonal();
28   cout << X.transpose()*Phi*T << endl;//変換後の入力ベクトル行列の転置を出力
29   }
```

上記ソースコードをコンパイルして実行すると，

```
$ ./transformW < HokkaidoTowns_xy.dat > HokkaidoTowns_xyW.dat
(行数, 列数) = 2, 179
$ ./calcCov < HokkaidoTowns_xyW.dat
(行数, 列数) = 2, 179
          1 -1.70069e-07
-1.70069e-07           1
(tr(Cov), tr(S)) = 2, 358
$ awk 'NR > 1' Gakuryoku30.csv | tr , ' ' | ./transformW >White.dat
(行数, 列数) = 4, 47
$ ./calcCov < White.dat
(行数, 列数) = 4, 47
     1.00001  2.96013e-06 -3.14657e-06  -6.6655e-06
 2.96013e-06            1 -6.69321e-06  1.96146e-06
-3.14657e-06 -6.69321e-06     0.999999 -1.27187e-06
 -6.6655e-06  1.96146e-06 -1.27187e-06     0.999991
(tr(Cov), tr(S)) = 4, 188
```

のような結果が得られ，どちらも分散共分散行列が単位行列 I になる（誤差は多少残る）ことがわかります．この変換の用途としては，入力ベクトルの次元間の相関が強いために見えなくなっている関係性を見つけ出すことなどが考えられます．文献 [48] は，画像の RGB データへ適用した例です．逆に，次元間の

6.2 主成分分析

相関自体がデータの本質的な情報である場合（多くのケースはこちら），この変換はあまり有用ではありません（もちろん試す価値はあります）．

次は相関行列です．前項で，相関の大小を比較するには，各次元の分散が 1 になるように正規化する必要があり，そのように正規化した分散共分散行列が相関行列 P になると説明しました．相関行列を計算するプログラムのソースコード calcP.cpp は下記（24 行目までは calcCov.cpp と同じ）となります．

```
1   // calcP.cpp 相関行列の算出
    ..............中略..............
21      MatrixXd X   = Map<MatrixXd>(&(vec[0]),ndim,nvec); // 配列を行列に変換
22      cerr << "（行数, 列数) = " << X.rows() << ", " << X.cols() << endl;
23      VectorXd mu = X.rowwise().mean();
24      MatrixXd Cov = 1/(double)nvec*X*X.transpose() - mu*mu.transpose();
25      MatrixXd T = Cov.diagonal().cwiseSqrt().cwiseInverse().asDiagonal();
26      cout << T*Cov*T << endl;
27  }
```

25 行目では，「.diagonal()」により分散共分散行列 Cov の対角成分を取り出してベクトルに変換し，続く「.cwiseSqrt()」により，係数 (coefficient) について (cwise) その平方根をとり，「.cwiseInverse()」により係数についてそれを逆数にし，「.asDiagonal()」によりベクトルの各次元の値を対角成分とする対角行列へ変換しています．これで T が **入力ベクトルの分散を 1 に正規化する行列** になります（$X' = T^t X$ により，X' の各次元の分散は 1 に正規化されます）．この T を 26 行目で分散共分散行列の左右に掛けることで相関行列を求めています（T は対角行列であり，その転置は元の行列と同じです）．実際に実行すると，

```
$ ./calcP < HokkaidoTowns_xy.dat
（行数, 列数) = 2, 179
       1 0.330694
0.330694        1
$ awk 'NR > 1' Gakuryoku30.csv | tr , ' ' | ./calcP
（行数, 列数) = 4, 47
       1 0.863786 0.793998 0.828332
0.863786        1 0.626913   0.8194
0.793998 0.626913        1 0.887597
0.828332   0.8194 0.887597        1
```

のように相関行列が計算できます．この結果から，`HokkaidoTowns_xy.dat` の各次元間の相関は比較的小さく，`Gakuryoku30.csv` における同じ科目間の相関は大きいこと，などが読み取れます．

6.2.4 相関について

主成分分析は，データが持つ特徴を少ない次元に濃縮するような分析です．その過程で行う分散共分散行列の算出は，データが持つ特徴の分析そのものといえます．本項では，相関について説明を行います．

学力調査データ（表 6.1）を，相関がわかりやすいように変換し，プロットしたのが図 6.4 です．数学 A と数学 B の分布はほとんど一直線上にあるのに対し，国語 B と数学 A の分布はある程度広がっています．この分布の違いは，**相関係数** r（**ピアソンの積率相関係数**）に現れます．前者は相関が非常に高く（$r = 0.89$），後者はそこそこに高い（$r = 0.63$）とわかります．

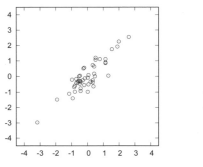 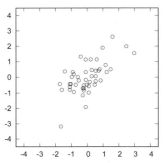

(a) 数学 A と数学 B（$r = 0.89$）　　(b) 国語 B と数学 A　（$r = 0.63$）

図 6.4. 科目間の相関（学力調査データ）を見るための散布図

相関係数が正で大きいということは，「**一方が平均よりも大きい値のとき，他方も平均よりも大きい値を持つ**」ことを意味します．データ $(x_i, y_i)(i = 1, \ldots, N)$ の変数 x と y の相関係数 r は，

$$r = \frac{\sum_{i=1}^{N}(x_i - \bar{x})(y_i - \bar{y})}{\sqrt{\sum_{i=1}^{N}(x_i - \bar{x})^2}\sqrt{\sum_{i=1}^{N}(y_i - \bar{y})^2}}, \tag{6.22}$$

6.2 主成分分析

と書けます．x と y の共分散を（それぞれの分散の平方根の積）で割ったものです（負値は**負の相関**を表します）．次に，図 6.4 の散布図を作成するためのコードを参考として示します．ソースコード corrTrans.cpp は，これまでのプログラムの 24 行目以下を下記のように書き換えたものです．26 行目の D は，式 6.5 の D に相当し，「入力ベクトルから重心ベクトルを差し引いたベクトルを束ねた行列」です．"X.rowwise().mean()" は行ごとに平均を取って重心ベクトルを算出し，"X.colwise()" は「各列ベクトルについて」という意味です．各列ベクトル（入力ベクトル）から重心ベクトルを差し引く操作が実現できます．

```
1   // corrTrans.cpp 相関を見るための変換（重心を原点．分散は1）
    ............中略............
21  MatrixXd X  = Map<MatrixXd>(&(vec[0]),ndim,nvec); // 配列を行列に変換
22  cerr << "(行数, 列数) = " << X.rows() << ", " << X.cols() << endl;
23  VectorXd mu = X.rowwise().mean();
24  MatrixXd Sigma = 1/(double)nvec*X*X.transpose() - mu*mu.transpose();
25  MatrixXd T = Sigma.diagonal().cwiseSqrt().cwiseInverse().asDiagonal();
26  MatrixXd D = X.colwise() - X.rowwise().mean();
27  cout << D.transpose()*T << endl;
28  }
```

そして，散布図の作成に使う gnuplot スクリプトの例（数学 A と数学 B の場合）は下記です．corrPlot.plt というファイル名で保存してください．

```
1  set terminal postscript eps enhanced
2  set size ratio -1 0.6
3  set output "corrPlot.eps"
4  set nokey
5  plot [-4.5:4.5][-4.5:4.5]\
6  "corr.dat" u 3:4 pt 6
```

実行ファイル corrTrans を作成後，下記のコマンド操作により，散布図 corrPlot.eps が生成できます．実際に実行してみてください．

```
$ awk 'NR > 1' Gakuryoku30.csv | tr , ' ' | ./corrTrans > corr.dat
$ gnuplot corrPlot.plt
```

最後に，相関を使う場合，注意すべきことをキーワードで示します（詳細は統計学の本で調べてください）．まず，相関係数 r の数値（例えば 0.7）だけから

相関の高さを判断しない方が良いでしょう．散布図で確認したり，**無相関の検定**により統計的な根拠を求めることなども，検討してください．次に，分析そのものが目的の場合，**みかけの相関**に注意してください．相関が何か別の変数の影響で生じる場合があります（交通事故の数と信号機の数に相関があるという結果を得たとき，人口という別の変数の影響が疑われます）．この対策として，特定の変数の影響を除いた**偏相関係数**を使う方法があります．

演習問題 6.3：相関を見るための散布図作成
Gakuryoku30.csv を実際に処理し，図 6.4 のような散布図を作成しなさい．図 6.4 とは異なる組み合わせも試しなさい．

6.3 判別分析

判別分析（discriminant analysis）[16] は，クラスラベルが付いたデータを対象とし，クラス間の違いが明確になる成分（軸）（主成分分析と同様，色々な次元の情報が混ざっています）を取り出します．今回も，入力ベクトル x を行列 A^t により $y = A^t x$ のように変換することを考えます．以下，変換行列 A^t の導出に必要な準備，導出過程，性質などについて説明します．

6.1 節では，入力ベクトル集合 $\mathcal{X}$ 全体についての変動行列 S を考えましたが，ここではクラス $C^k (k = 1, \ldots, K)$ ごとの変動行列 S_k も考慮します．以下では，これまで S と書いた総変動行列を S_T と表します．S_T と S_k は，

$$S_T = \sum_{i=1}^{N} (x_i - \mu)(x_i - \mu)^t = XX^t - N\mu\mu^t, \tag{6.23}$$

$$S_k = \sum_{x_i \in C^k} (x_i - \mu_k)(x_i - \mu_k)^t = X_k X_k^t - N_k \mu_k \mu_k^t, \tag{6.24}$$

と書けます．3.2 節と同様に[*7]，$x_i \in C^k$ は，"クラス C^k に属する x_i すべてについて"という意味で，μ_k はクラス C^k に属する入力ベクトルの重心ベクトル，N_k はクラス C^k に属する入力ベクトル数です．ここで，クラスごとの変動 S_k

---

[*7] 厳密には，クラスが既知なので，クラスタの代わりにクラスを考えています．

6.3 判別分析

を足し合わせたクラス内変動 S_W と,クラス間変動 S_B を,

$$S_W = \sum_{k=1}^{K} S_k = \sum_{k=1}^{K} \sum_{x_i \in C^k} (x_i - \mu_k)(x_i - \mu_k)^t$$
$$= \sum_{k=1}^{K} \left(X_k X_k^t - N_k \mu_k \mu_k^t \right), \tag{6.25}$$

$$S_B = \sum_{k=1}^{K} N_k (\mu_k - \mu)(\mu_k - \mu)^t = \sum_{k=1}^{K} N_k \mu_k \mu_k^t - N \mu \mu^t, \tag{6.26}$$

と定義します(具体的な算出方法も示しました).3.5 節と関連し,総平方和 $J_T = \mathrm{tr}(S_T)$,クラス内平方和 $J_W = \mathrm{tr}(S_W)$,クラス間平方和 $J_B = \mathrm{tr}(S_B)$ であり $J_T = J_W + J_B$ が成り立つのと同様に,

$$S_T = S_W + S_B, \tag{6.27}$$

という関係が成り立ちます(前述の式から導出できます).

入力ベクトル x を行列 A^t により $y = A^t x$ と変換するとき,変動行列 S (S_T, S_W, S_B など)は変換後に $A^t S A$ となります.変換後の変動行列を S' と表すことにすると,

$$S_T' = S_W' + S_B' \tag{6.28}$$
$$= A^t S_W A + A^t S_B A, \tag{6.29}$$

がいえます.ここで変換行列 A^t は主成分分析のときとは違い,直交行列ではなく,**ベクトル間の内積を変える**(ベクトル間の距離や角度が変わる)ものを考えます.式 6.29 から,変換後のクラス内変動行列を小さくする(=クラス間変動行列を大きくする)変換 A^t を行えば,**「クラス間の違いが明確になる成分(軸)」**が取り出せます.これが**判別分析**の狙いです.説明を省きますが,行列 S の大きさを対角成分和 $\mathrm{tr}(S)$ あるいは行列式 $\det(S)$ で評価するとき,この狙いに基づく変換行列は下記の手順で算出できます [20].

まず,変換行列 A^t を

$$A^t = A_2^t A_1^t, \tag{6.30}$$

と分解します（転置すると $A = A_1 A_2$ です）. そして，それぞれが

$$A_1^t S_W A_1 = I, \tag{6.31}$$
$$A_2^t \left(A_1^t S_B A_1 \right) A_2 = \Lambda, \tag{6.32}$$

を満たすとき，A^t が目的の変換行列になります．式 6.31 は 1 段目の変換 A_1^t がクラス内変動行列 S_W を単位行列 I にするという条件，式 6.32 は 1 段目の変換後のクラス間変動行列 $A_1^t S_B A_1$ を 2 段目の変換 A_2^t が対角化する（Λ は対角行列）という条件です．$A_1^t S_B A_1$ は実対称行列ですから，A_2^t は直交行列になります．この条件下において，$A^t = A_2^t A_1^t$ の変換により変動行列は，

$$S_W' = A_2^t \left(A_1^t S_W A_1 \right) A_2 = A_2^t I A_2 = I, \tag{6.33}$$
$$S_B' = A_2^t \left(A_1^t S_B A_1 \right) A_2 = \Lambda, \tag{6.34}$$

となります．A_1^t が直交行列ではないので，A^t は直交行列ではありません．また，S_B のランクが $K-1$ であることから，A^t は $(K-1) \times M$ 行列になり，$K-1$ 次元空間への変換になります．固有値が大きな次元を選択すれば，次元数が少ない条件下で**「クラス間の違いが明確になる成分（軸）」**を取り出すことができます．そしてこの背後に，「変換後のクラス内変動行列を小さくする（＝クラス間変動行列を大きくする）という考え方」が存在するのです．前記の変換を実際に行い，結果を見てみましょう．まず，次に示すソースコードを discrimTrans.cpp という名前で保存してコンパイルし，実行ファイル discrimTrans を作成してください．ソースコードの補足を示します．

22 行ごとの文字列ストリーム iss から，空白区切りで切り出した文字列を配列 vbuf に入れる

23 最後の文字列（クラスラベル）を除き，浮動小数点型の配列 vec に追加

24-25 最後の文字列をラベル情報を保持する配列 lbls に入れ，ラベル集合 lblSet に挿入する（新しいラベルは，集合の要素として追加される）

52 クラス内変動 SW を固有値分解するためのソルバー es1 を宣言

55 SW をホワイトニング変換（＝白色化変換）する変換行列 A_1 算出

59 行列 $A_1 A_2$ のうち，有効な $K-1$ 次元（固有値が昇順なので，後ろから順番に取ります）を取り出して，変換行列 A を算出

63-64 変換後の入力ベクトル行列を転置して出力し，続いてクラスラベルを出力

6.3 判別分析

コード 6.3. 判別分析変換プログラム discrimTrans.cpp

```cpp
// discrimTrans.cpp
#include <string>
#include <vector>
#include <set>
#include <iostream>
#include <fstream>
#include <sstream>
#include <Eigen/Dense>
using namespace Eigen;
using namespace std;
int main(int argc, char* argv[]){
  vector<double> vec;
  string buf;
  int nvec = 0;                    // データ数初期化
  vector<string> lbls;
  set<string> lblSet;
  while( getline(cin, buf) ){ // 標準入力（cin）から 1 行ずつ読み込む
    istringstream iss(buf);
    nvec++;                        // データ数更新
    string buf2;
    vector<string> vbuf;
    while( iss >> buf2 ) vbuf.emplace_back(buf2);
    for(int m=0; m < vbuf.size()-1;m++) vec.emplace_back(stod(vbuf[m]));
    lbls.emplace_back(vbuf.back());
    lblSet.insert(vbuf.back());
  }
  int ndim = vec.size() / nvec;             // 次元数 ndim=M 算出
  MatrixXd X = Map<MatrixXd>(&(vec[0]),ndim,nvec);
  VectorXd mu = X.rowwise().mean();
  int numc = lblSet.size();                 // クラス数取得
  set<string>::iterator it = lblSet.begin(); // クラスラベルのイテレータ
  MatrixXd SW = MatrixXd::Zero(ndim,ndim);  // クラス内変動行列の初期化
  MatrixXd SB = MatrixXd::Zero(ndim,ndim);  // クラス内変動行列の初期化
  for( int k = 0 ; k < numc ; k++ ){        // 各クラスの変動行列算出
    vector<double> vec1;
    int num = 0;
    int j = 0;
    for( int i = 0 ; i < nvec ; i++ ){
      if( lbls[i] == *it ){
        for( int m = 0 ; m < ndim ; m++ ) vec1.emplace_back(vec[j++]);
        num++;
      }
```

```
43          else j += ndim;
44        }
45        MatrixXd Xk  = Map<MatrixXd>(&(vec1[0]),ndim,num); // クラス k の X
46        VectorXd muk = Xk.rowwise().mean();                // クラスの重心
47        SW += Xk*Xk.transpose() - (double)num*muk*muk.transpose();
48        SB += (double)num*muk*muk.transpose();
49        it++;
50      }
51      SB -= (double)nvec*mu*mu.transpose();
52      SelfAdjointEigenSolver<MatrixXd> es1(SW);       // SW の固有値分解
53      MatrixXd Ev=es1.eigenvectors();                 // 固有ベクトル行列
54      MatrixXd T1=es1.eigenvalues().cwiseSqrt().cwiseInverse().asDiagonal();
55      MatrixXd A1=Ev*T1;                              // SW の白色化変換行列 A1
56      MatrixXd A1SBA1 = A1.transpose() * SB * A1;     // A1^t*SB*A1 の算出
57      SelfAdjointEigenSolver<MatrixXd> es2(A1SBA1);   // A1^t*SB*A1 の固有値分解
58      MatrixXd A2 = es2.eigenvectors();               // 固有ベクトル行列 A2
59      MatrixXd A = (A1*A2).block(0,ndim-numc+1,ndim,numc-1);//K-1 次元の抽出
60      cerr << "SW' = " << endl << A.transpose()*SW*A << endl;
61      cerr << "SB' = " << endl << A.transpose()*SB*A << endl;
62      for( int i = 0 ; i < nvec ; i++ ){
63        cout << X.col(i).transpose() * A;             // 各ベクトルごとに出力
64        cout << " " << lbls[i] << endl;               // クラスラベルを出力
65      }
66    }
```

使用するデータは，主成分分析のときと同じ，wine データセットとします．主成分分析の結果と比較してください．実行は，下記のように paste コマンドで，行ごとに特徴 13 次元の次にラベル情報を追加し，判別分析のプログラム distTransform の標準入力へ渡し，結果を wineLDA.dat ヘリダイレクトします．実行すると，変換された入力ベクトル行列 Y が転置されたものがラベル付きで出力されます．また，変換後のクラス内変動行列 S'_W と，クラス間変動行列 S'_B が標準エラー出力に出力されるので，これらが単位行列 I や対角行列 Λ になることが確認できます．最後に可視化のための処理を行っています．

6.3 判別分析

```
$ paste wine13.dat wine.lbl | ./discrimTrans > wineLDA.dat
SW' =
           1 -6.08957e-14
 -6.31162e-14          1
SB' =
     4.12847  5.32907e-15
 -7.32747e-15         9.08174
$ gnuplot wineLDA.plt
```

上記で使う `wineLDA.plt` の例を示します（注意：横軸の第 1 主成分は 2 列目）．

```
1  set terminal postscript color eps enhanced
2  set size ratio 0.7 0.8
3  set key outside
4  set output "wineLDA.eps"
5  plot \
6  "wineLDA.dat" u 2:($3==1 ? $1 : 1/0) pt 4 title "wine1",\
7  "wineLDA.dat" u 2:($3==2 ? $1 : 1/0) pt 6 title "wine2",\
8  "wineLDA.dat" u 2:($3==3 ? $1 : 1/0) pt 8 title "wine3"
```

出力の `wineLDA.eps` を図 6.5 に示します（図 6.3 と比較しましょう）．ワインの種類の違いで明確に別れています．主成分分析では，データ全体に対して無相関になるよう変換していますが，判別分析では，各クラスの分布を平均的に見て，無相関かつ等分散（変動行列が単位行列 I）になるように変換しています．

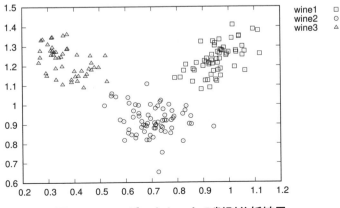

図 6.5. wine データセットの判別分析結果

6.4 本章のまとめ

　本章では，特徴変換の方法として，主成分分析と判別分析を紹介しました．いずれも，解析対象のデータが多次元正規分布に従うことを暗黙のうちに仮定したうえでの変換になっています．多くの場合，この仮定からはじめることは理にかなっていますので，これらの分析を試すことが重要です．一方，5 章で紹介した多項分布に従うデータなど，多次元正規分布に従わないデータもありますので，他の分析も合わせて検討してください．

　また，本章では，行列の概念を使って分析の内容を説明し，行列演算ライブラリ Eigen の使い方も合わせて示しました．行列表現および行列演算ライブラリを使うことが，解析全体を見通すうえで有用なことを感じて頂けたでしょうか？ もちろん，常に行列表現を使う必要はありません．C++ の標準ライブラリにある vector 型は使いやすく高速です．すべての要素に for 文を使ってアクセスする場合など，行列を使うメリットが出せないときは，vector 型の方が若干速いと思います．どちらか慣れた方，プログラムとして見通しが良い方を選べばよいでしょう．

　最後に，高い視点から解析手法を見てみましょう．データ解析手法の分類軸として，教師データ（データが属するクラス情報）があるか無いか，というものがあります．学習においては，教師あり学習と教師なし学習とよばれます（分類とクラスタリングが代表例です）．本章で説明した特徴変換においては，主成分分析が「教師なし」で，判別分析が「教師あり」です．どこから手を付けて良いかわからない状態のときは，まずは教師なしの「主成分分析」を行ってみることを検討してください（もちろん，クラスタリングも検討してください）．また，教師データを持っているときは，分類を考えるだけでなく，「判別分析が有効かもしれない」という意識を持ってください．

第7章
行動ログデータの解析

本章から，比較的大規模なデータの例として，行動ログデータと文書データの解析について説明します．行動ログデータは，例えば消費者数×商品数（ユーザ数×アイテム数）の行列で表すことができます．同様に文書データ集合は文書数×単語種類数の巨大な行列で表すことができます．どちらも，ほとんどの要素が0となる行列（**疎行列**といいます）になります．これらデータの解析に必要な疎行列の表現，実際の解析例を紹介します．

7.1 疎行列の表現

世の中には，比較的大規模なデータ[*1]のうち，疎行列（ほとんどの要素の値が0となる行列）で表せるものがあります．例えば，**表7.1**は，ユーザ（人）がアイテム（物）をいくつ購入したかを表す「行動ログ」の一部です．表において，人1は物1を8個と物4を7個購入し，物3は人2に3個と人4に6個購入されている，ことなどがわかります．このように，「どの人が何をいくつ買ったのか」という行動ログ（＝購買ログ）は表形式で表せ，表7.1右のように，行列（4行5列，4×5行列）形式で書けます．

表7.1右の行列を，疎行列形式で表現します．基本は，ゼロ以外の要素（非ゼロ要素）を3つ組（人，物，個数）（英語でトリプレット：triplet）で表すことです．表7.1に，非ゼロ要素は7個あるので，行（row）番号，列（column）番号，要素の値，をそれぞれ7次元のベクトルとして表すことにします．ここで，2つの選択肢が生まれます．非ゼロ要素を，横方向に読んでいくのか，それとも縦方

[*1] 大規模といっても，複数台の計算機による分散処理が避けられないレベルの大規模なデータは，ここでは扱いません．

表 7.1. 行動ログ（＝購買ログ）の行列表現

	物1	物2	物3	物4	物5
人1	8	0	0	7	0
人2	0	1	3	0	0
人3	9	0	0	0	2
人4	0	0	6	0	0

$$\Rightarrow \begin{pmatrix} 8 & 0 & 0 & 7 & 0 \\ 0 & 1 & 3 & 0 & 0 \\ 9 & 0 & 0 & 0 & 2 \\ 0 & 0 & 6 & 0 & 0 \end{pmatrix},$$

向に読んでいくのかです．それぞれ，CRS（Compressed Row Storage）形式，CCS（Compressed Column Storage）形式という名前が付いています．使う場面により，計算速度で有利な形式が異なりますので，慣れてくれば，使い分けてください．まずは，CRS 形式（1 行目を左から右へ，2 行目を左から右へ，・・・と読む）の場合，非ゼロ要素 NZ，行番号 RowInd，列番号 ColInd は，

$$\begin{aligned} \text{NZ} &= (8, 7, 1, 3, 9, 2, 6) \\ \text{RowInd} &= (1, 1, 2, 2, 3, 3, 4) \\ \text{ColInd} &= (1, 4, 2, 3, 1, 5, 3) \end{aligned} \tag{7.1}$$

となります．このままでは，ある行のデータにアクセスするとき，RowInd を最初からチェックする必要があり，非効率的です．そこで，各行番号が始まる位置 RowPtr（これを**行ポインタ**といいます）を求めておきます[*2]．1 行目が始まるのは 1 番目，2 行目が始まるのは 3 番目なので，

$$\text{RowPtr} = (1, 3, 5, 7) \tag{7.2}$$

となります（実装する際は，最後のデータの次の位置（上記では 8）を最後尾に付加することがあります）．最終的には，非ゼロ要素 NZ，列番号 ColInd，行ポインタ RowPtr の形で疎行列を表します．

同じデータ（表 7.1）を CCS 形式で表す場合，3 つのベクトルは

$$\begin{aligned} \text{NZ} &= (8, 9, 1, 3, 6, 7, 2) \\ \text{RowInd} &= (1, 3, 2, 2, 4, 1, 3) \\ \text{ColInd} &= (1, 1, 2, 3, 3, 4, 5) \end{aligned} \tag{7.3}$$

[*2] この「ポインタ」は CCS や CRS の用語で，特定のプログラム言語の用語ではありません．

7.1 疎行列の表現

となります．今度は，列ポインタ ColPtr

$$\text{ColPtr} = (1, 3, 4, 6, 7) \tag{7.4}$$

を求めます．結果として，非ゼロ要素 NZ，行番号 RowInd，列ポインタ ColPtr の形で疎行列を表します．

次に CCS, CRS 形式による疎行列表現を取り扱うためのプログラム例を示します．方法の1つは，3つの配列（vector 型）を使うことですが，行列同士の演算や行列分解などへの応用に有用（そして高速）な，Eigen ライブラリを使う方法を示します．下記の3つ組（行番号，列番号，値）データを `dataTriplet.dat` というファイル名で保存してください．

```
1 1 8
1 4 7
2 2 1
2 3 3
3 1 9
3 5 2
4 3 6
```

では，下記ソースコードを `readTrp.cpp` および `readTrpCrs.cpp` という名前で保存してください．また，Makefile には，下記のように "-I/usr/include/eigen3"（2.7節のようにして環境を構築した場合です．パスは適宜変更してください）を追加してください．

```
CXX = g++
CXXFLAGS = -O3 -I/usr/include/eigen3
.....
```

コード 7.1. 3つ組から疎行列生成 readTrp.cpp readTrpCrs.cpp

```cpp
// readTrp.cpp
#include <iostream>
#include <fstream>
#include <string>
#include <vector>
#include <sstream>
#include <Eigen/Dense>
#include <Eigen/Sparse>
using namespace Eigen;
using namespace std;
int main(int argc, char* argv[]){
  string fname = argv[1];
  ifstream ifile( fname );
  int nRows = 0, nCols = 0; // 行数と列数を表す変数の宣言
  int row, col;
  double val;
  string buf;
  typedef Triplet<double> T;
  vector<T> triplets;
  while( getline(ifile,buf) ){
    istringstream iss(buf);
    iss >> row >> col >> val;
    triplets.emplace_back(T(row-1,col-1,val));
    if( row > nRows ) nRows = row;
    if( col > nCols ) nCols = col;
  }
  ifile.close();
  SparseMatrix<double> X(nRows, nCols);     // CCS 形式で宣言
  X.setFromTriplets(triplets.begin(), triplets.end());
  SparseMatrix<double> Xt = X.transpose();  // CCS 形式で宣言
  cout << "X= " << X << endl;
  cout << "X^t= " << Xt << endl;
}
```

```cpp
// readTrpCrs.cpp
............中略............
  SparseMatrix<double, RowMajor> X(nRows, nCols);       // CRS 形式で宣言
  X.setFromTriplets(triplets.begin(), triplets.end());
  SparseMatrix<double, RowMajor> Xt = X.transpose();// CRS 形式で宣言
  cout << "X= " << X << endl;
  cout << "X^t= " << Xt << endl;
}
```

7.1 疎行列の表現

ソースコードについて，行番号を指定して補足します．

19 3つ組（トリプレット）の配列 triplets を宣言
22 1行ずつ読み込んだ後，行番号，列番号，値の読み取り
24-25 読み込んだ行番号，列番号の最大値を更新
28 CCS 形式あるいは CRS 形式で，行数と列数を指定し，疎行列を宣言
29 3つ組を使って疎行列に値を設定
30 CCS 形式あるいは CRS 形式で転置行列を作成

コンパイルし，実行ファイル readTrp, readTrpCrs を生成してください．readTrpCrs.cpp は，28 行目と 30 行目だけが readTrp.cpp と違います．実行は，下記のように，第 1 引数に 3 つ組ファイル dataTriplet.dat を指定してください．

```
$ ./readTrp dataTriplet.dat
X= Nonzero entries:
(8,0) (9,2) (1,1) (3,1) (6,3) (7,0) (2,2)

Outer pointers:
0 2 3 5 6  $

8 0 0 7 0
0 1 3 0 0
9 0 0 0 2
0 0 6 0 0

X^t= Nonzero entries:
(8,0) (7,3) (1,1) (3,2) (9,0) (2,4) (6,2)

Outer pointers:
0 2 4 6  $

8 0 9 0
0 1 0 0
0 3 0 6
7 0 0 0
0 0 2 0
```

```
$ ./readTrpCrs dataTriplet.dat
X= Nonzero entries:
(8,0) (7,3) (1,1) (3,2) (9,0) (2,4) (6,2)

Outer pointers:
0 2 4 6 $

8 0 0 7 0
0 1 3 0 0
9 0 0 0 2
0 0 6 0 0

X^t= Nonzero entries:
(8,0) (9,2) (1,1) (3,1) (6,3) (7,0) (2,2)

Outer pointers:
0 2 3 5 6 $

8 0 9 0
0 1 0 0
0 3 0 6
7 0 0 0
0 0 2 0
```

出力について補足します．readTrp は CCS 形式の疎行列とその転置行列，readTrpCrs は CRS 形式の疎行列とその転置行列を出力します．"Nonzero entries" では，CCS 形式は（NZ,RowInd），CRS 形式は（NZ,ColInd）の組みを列挙しています（式 7.1,7.3 参照．プログラムの内部では，インデックスやポインタを 0 から開始するようにしているため，それらの値が 1 ずつ小さくなります）．"Outer pointers" は，CCS 形式の場合は ColPtr を，CRS 形式の場合は RowPtr を意味します．前述のポインタの値と一致しているのが確認できるはずです．形式を同じにして転置行列を作成すると，CCS 形式で転置したときのポインタが，CRS 形式で転置する前のポインタと等しくなることもわかります．

演習問題 7.1：疎行列作成の演習

自分独自の疎行列を作成し，これをトリプレットで表したデータファイルを作成し，readTrp で読み込む実験をしなさい．

7.2 レコメンド技術（その1）

本節では，研究に広く使われている実際の行動ログデータを使って解析例を示します．行動ログデータの解析目的の代表例は，レコメンド（推薦）です．レコメンドに関するサーベイ論文や解説記事としては，文献 [19, 18, 41, 42, 43] があります．以下，レコメンドシステム[*3]について紹介します．

レコメンドシステムは，『利用者にとって有用と思われる対象，情報，または商品などを選び出し，それを利用者の目的に合わせた形で提示するシステム』 [41] です．情報検索と似ていますが，情報検索のように探索のためのクエリを指定しない（求めない）点が異なります．レコメンドシステムのタスク [18] は，

1. Recommending some good items（適合アイテムの推薦）
2. Recommending all good items（適合アイテムの列挙）
3. Optimizing utility（効用の最適化）
4. Predicting ratings（評価値の予測）

のように分類されます（文献 [19] があげた項目から抽出した代表的なもの）．

利用者の立場で，今欲しいものを見つけるなら「**1. 適合アイテムの推薦**」が求められるでしょう．ここでは，より適合しているものを先に（上位に）示すことが重要です．また，需要は少ないかもしれませんが，利用者に合っているすべてのものを知りたい場合は「**2. 適合アイテムの列挙**」が求められます．

「**3. 効用の最適化**」は，何らかの基準で最適な推薦をする，というタスクです [18]．レコメンドをする側の立場では，例えば売上高の最大化が基準になるでしょう．この場合は，利用者が直接求めそうなものだけでなく，関連して求めそうなものを売ること（マーケティング用語で**クロスセル**）も考えます．

利用者の立場で「3. 効用の最適化」を考えてみます．人気ランキングにある商品ばかりを推薦された場合，それらが利用者に合っていたとしても目新しい情報ではないため，有益なレコメンドとはいえないでしょう．利用者に特化した（＝パーソナライズされた）目新しいものも推薦して欲しいはずです．さらに，**セレンディピティ**（思いがけないものを偶然発見する能力）が無いと見つか

[*3] 英語は "recommender system" が一般的．

らないような意外性のあるものが推薦されれば，理想的でしょう．セレンディピティな推薦の実現は，多くの研究者の目標になっています．

「**4. 評価値の予測**」は，例えばまだ見ていない映画に対する 5 段階評価を予測するというタスクです．文献 [18] も指摘するように，これがレコメンドのタスクなのかは議論すべきところですが，多くの研究は，この観点でレコメンド技術を評価してきました．つまり，評価値の一部を隠してそれを予測し，予測と真の評価値の「差の絶対値」や 2 乗誤差が小さいレコメンドが優れているとするのです．最近の研究では，実用的な「より適合しているものを先に（上位に）推薦する」という **Top-N 推薦** [10] が重要視されるようになってきました．

以下では，レコメンドの手法をいくつか紹介し，実際のデータ解析例を示します．その後で，さまざまな手法を整理し，長所・短所などを解説します．

7.3 映画に対する評価データの解析

実際に，データを読み込み，解析する例を示します．用いるデータは，映画を 1 から 5 までの点数を付けて評価した MovieLens[33] です．このデータは，GroupLens プロジェクトによってミネソタ大学で作られました．このデータセットは，`https://grouplens.org/datasets/movielens/` からダウンロードできます (2024.09.16 訪問)．いくつかのバージョンがありますが，ここでは最もデータ量が少ない「MovieLens 100k」を使います．下記の実験を追試するにはこのデータをダウンロードし，使える形に展開してください[*4]．943 ユーザによる 1,682 本の映画に対する，のべ 100,000 件の評価データで，各ユーザは最低 20 本の映画に対して評価をしています．評価実験のために 100,000 件のデータは何通りかの方法で学習データとテストデータに分割されています．以下，カレントディレクトリにデータディレクトリ `ml-100k` があるものとして説明します．実験ですぐに使うデータは，`ml-100k` 直下にある 4 つのファイルです．

- `u.data` （すべて（100,000 件）の評価データ．各行に 1 件ずつの評価情報があり，空白で区切られた第 1〜第 4 カラムは，{ ユーザ id[1,943], アイテム id[1,1682]，評価値 [1,5]，日付情報 } です）

[*4] zip 形式で用意されているので，"`unzip ml-100k.zip`" のようにして展開してください．

7.3 映画に対する評価データの解析

- `ua.base`（`u.data` から抜き出した学習用のデータで，943 ユーザによる 1,680 本の映画に対する，のべ 90,570 件の評価データです）
- `ua.test`（`u.data` から抜き出した学習データ `ua.base` 以外のテスト用のデータで，943 ユーザによる 1,129 本の映画に対する，のべ 9,430 件の評価データです）
- `u.item`（アイテム id[1,1682] に対応した映画情報です．データは，区切り文字 "|" で区切られ，第 1 カラムがアイテム id，第 2 カラムが映画のタイトルと発表年，…となっています）

ここでアイテムといっているのは映画のことです．ユーザ id には 1 から 943 まで，アイテム id には 1 から 1682 までの数値が割り当てられています．

最初は，データの読み込みです．`u.data` の第 1〜第 3 カラムを { 行番号, 列番号, 値 } の 3 つ組と見なし，前述の `readTrp` を使って読み込ませてみましょう．

```
$ ./readTrp ml-100k/u.data
```

実行すると，943 × 1682 の行列が生成され，出力されます．大きな行列に思えますが，非ゼロ要素の割合は約 6.3%（100000/(943 × 1682)）しかありません．

レコメンドに関連する解析を行ってみましょう．ある映画を選択したとき，その映画と関連のある映画をレコメンドするための解析例を示します．最初に紹介する方法は，6.2.4 項で説明した，**相関係数（ピアソンの積率相関係数）**を使うものです．映画に対する評価値について相関が高いということは，**「ある映画の評価が平均よりも高いとき，他方の映画の評価も平均より高い」**ことを意味します．直感的ですが，ある映画を選択したとき，その映画と評価値において相関が高い映画を推薦するのは，もっともらしい方法の 1 つと考えられます．相関に基づき，映画 (item) に対して映画を推薦するプログラムのソースコードを `recomPurePearson1.cpp` として示しますので，実行形式を作成してください．ここで "Pure" と修飾しているのは，評価値がない部分も，"0" と評価したと仮定して相関を計算すること示すためです[*5]．

[*5] 後述のように，評価値がない部分を除いて相関を計算する手法 [36, 39] と区別するためです．

コード 7.2. 相関による推薦プログラム 1 recomPurePearson1.cpp

```cpp
// recomPurePearson1.cpp
#include <iostream>
#include <fstream>
#include <string>
#include <vector>
#include <set>
#include <sstream>
#include <Eigen/Dense>
#include <Eigen/Sparse>
using namespace Eigen;
using namespace std;
int main(int argc, char* argv[]){
    string fname = argv[1];
    ifstream ifile( fname );
    int nRows = 0, nCols = 0; // 行数（User）と列数（item）を表す変数の宣言
    int row, col;
    double val;
    string buf;
    typedef Triplet<double> T;
    vector<T> triplets;
    while( getline(ifile,buf) ){
        istringstream iss(buf);
        iss >> row >> col >> val;
        triplets.emplace_back(T(row-1,col-1,val));
        if( row > nRows ) nRows = row;
        if( col > nCols ) nCols = col;
    }
    ifile.close();
    int nItems = nCols;
    int nUsers = nRows;
    double nUInv = 1.0 / (double) nUsers;
    SparseMatrix<double> spX(nUsers,nItems);
    spX.setFromTriplets(triplets.begin(), triplets.end());
    VectorXd mu(nItems);
    for( int i=0; i<nItems; i++ ) mu(i) = ((VectorXd) spX.col(i)).mean();
    VectorXd A(nItems);
    for( int i = 0 ; i < nItems ; i++ ){
        double val = nUInv*((VectorXd)spX.col(i)).squaredNorm()-mu(i)*mu(i);
        if( val > 0 ) A(i) = 1.0 / sqrt(val);
    }
    //-- 各アイテムに対し，相関が高いアイテムを相関係数の値の降順に出力
    for( int i = 0 ; i < nItems ; i++ ){
```

7.3 映画に対する評価データの解析

```
43        cout << i+1;
44        multimap<double, int, greater<double> > mapP2itemId;// 降順整列用
45        MatrixXd iXX = nUInv * spX.col(i).transpose() * spX;
46        for( int j = 0 ; j < nItems ; j++ ){
47          if( j != i ){
48            double corr = A(i)*A(j) * (iXX(j) - mu(i)*mu(j));
49            mapP2itemId.insert(pair<double, int>(corr,j));
50          }
51        }
52        multimap<double, int>::iterator it = mapP2itemId.begin();
53        for( int j = 0 ; j < 3 ; it++, j++ ) cout << " " << it->second+1;
54        cout << endl;
55      }
56    }
```

ソースコード recomPurePearson1.cpp について解説します．

2-33 readTrp.cpp と同様にデータを読み込み，CCS 形式の疎行列 spX を生成

35 spX の i 番目の列を抽出して密ベクトルに変換し，平均 mu を算出

37-40 分散を1に正規化するための係数 A を算出（分散が0になる場合も考慮）

44 multimap は重複を許す map の宣言（キーとそれに対応する値を格納．今回は相関係数をキー値とし，降順で整列させる．対応する値は itemId）

48-49 対象となる itemId 以外の itemId を，相関係数値の降順に整列させる

53 相関係数が大きい順に3つの itemId を出力

続いて補足します．見通しよく実装するのであれば，相関行列算出プログラム calcP.cpp（121 ページ）と同様に，相関行列 P を作成するのが適当でしょう．しかし，密行列としての演算や格納が必要となります（今回のデータは小さいのでこれも可能）．上記実装は，「相関値が局所的な情報から計算できることを利用し，密行列の利用を避け，疎行列のメモリ節約の恩恵を活かす」ものです．

プログラム recomPurePearson1 の出力は itemId（＝アイテム id）なので，人間が見てもどの映画に対してどの映画が推薦されたのかがわかりません．itemId と映画情報の対応は，前述の u.item に書かれているので，これを利用して映画タイトルのテキストに変換するプログラムのソースコードを toText.cpp として示しますので，実行形式を作成してください．

コード 7.3. 変換（itemId →テキスト）プログラム toText.cpp

```cpp
// toText.cpp
#include <iostream>
#include <fstream>
#include <string>
#include <vector>
#include <map>
#include <sstream>
using namespace std;
int main(int argc, char* argv[]){
  string fname1 = argv[1];
  string fname2 = argv[2];
  map<int,string> toText;
  ifstream ifile2( fname2 );
  string buf,buf2;
  while( getline(ifile2,buf) ){
    istringstream iss(buf);
    string title;
    getline(iss,buf2,'|') ;
    getline(iss,title,'|') ;
    toText.insert(pair<int, string>(stoi(buf2),title));
  }
  ifile2.close();
  ifstream ifile1( fname1 );
  while( getline(ifile1,buf) ){
    istringstream iss(buf);
    int i;
    while( iss >> i ) cout << "{" << toText[i] << "}";
    cout << endl;
  }
  ifile1.close();
}
```

実行例を下記に示します．

```
$ ./recomPurePearson1 ml-100k/u.data > recom1out.dat
$ more recom1out.dat
1 50 121 117
2 233 576 161
3 410 763 42
.....
```

7.3 映画に対する評価データの解析

```
$ ./toText recom1out.dat ml-100k/u.item > recom1Text.dat
$ more recom1Text.dat
{Toy Story (1995)}{Star Wars..}{Independence Day..}{Rock, The..}
{GoldenEye (1995)}{Under Siege..}{Cliffhanger..}{Top Gun..}
.....
```

実行結果を説明します．itemId 表記の推薦結果 recom1out.dat は，例えば itemId が 1 の映画に対して，itemId が 50,121,117 の映画を推薦するという意味です．これをテキスト化すると，「Toy Story」に対して「Star Wars」，「Independence Day」，「Rock, The」(＝The Rock) を推薦しているのがわかります．テキスト化したファイルの中身を見れば，日本でも公開された有名な映画がいくつも出てくるのが確認できるはずです．いくつか例をピックアップし，邦題で示します．この例だけでなく，年代が近い映画，シリーズ作品，監督が共通，俳優つながり，などさまざまな理由で映画が自動的に推薦されています．ここでは，背後にある別の変数（因子）の影響で「みかけの相関」が生じていても推薦の目的からすれば問題はなく，むしろ歓迎すべき（多様性が増す）ことといえます．

表 7.2. 映画の推薦結果 1

対象映画	推薦映画
風と共に去りぬ	オズの魔法使い，サウンドオブミュージック，カサブランカ
戦場にかける橋	アフリカの女王，大脱走，アラビアのロレンス
オセロ	リチャード三世，空騒ぎ，ビューティフル・ガールズ
スター・ウォーズ	ジェダイの帰還，帝国の逆襲，レイダース/失われたアーク
シンデレラ	白雪姫，ダンボ，ピノキオ

演習問題 7.2：レコメンド演習

上記の推薦結果 recom1Text.dat から，表 7.2 以外の推薦結果の中で，自分で「興味がある／納得できる／疑問に思う」などのコメントが付けられる例を探し出し，回答しなさい．

次は，対象ユーザの評価履歴を使って，ユーザに合う映画を推薦することを考えます．評価履歴（広くは行動ログ）に基づいて，未知の item に対する評価や推薦順位を決める方法は，**協調フィルタリング（Collaborative filtering）**とよばれ，その中でさらに，アイテム間やユーザ間の類似度を用いる方法は **Neighborhood model（近接モデル）**（近接法）とよばれています [25, 10]．この近接モデルでは，類似度による評価値の加重平均により，評価値を推定する方法 [36, 39] が知られています．対象ユーザ u のアイテム i に対する推定評価値を $\hat{r}_{ui}$ とします．まず，ユーザ間の類似度に基づく方法として，

$$\hat{r}_{ui} = \bar{r}_u + \frac{\sum_{v \in U_i} s_{uv}(r_{vi} - \bar{r}_v)}{\sum_{v \in U_i} |s_{uv}|}, \tag{7.5}$$

が提案されています [36]．ここで $\bar{r}_u$ は，ユーザ u の評価値（評価値は "0" 以外）の平均，U_i は i を評価しているユーザの集合，s_{uv} はユーザ u と v の類似度です．負の場合もあり得るので，絶対値を取ったものの和で正規化しています．アイテムに対する嗜好が似ている人を類似ユーザと考え，そのユーザが高く評価するアイテムを高く評価すると推測する方法です．

そして，ユーザの評価の傾向が似ているアイテムを類似アイテムと考えるのが，アイテム間の類似度 s_{ij}（アイテム i と j の類似度）を用いる方法で，

$$\hat{r}_{ui} = \frac{\sum_{j \in I_u} s_{ij} r_{uj}}{\sum_{j \in I_u} |s_{ij}|}, \tag{7.6}$$

により推定する提案があります [39]．類似度としては，ここで紹介している相関以外にコサイン類似度なども使われます．また，この提案 [39] ではアイテム間の相関を算出する場合，共通に評価しているユーザの評価値のみを使っていますので，本書で説明している相関（評価値がない部分も "0" と評価したと仮定して計算する）の算出方法とは異なります．アイテム間の類似度 s_{ij} を使う場合も，式 7.5 のように平均の評価値からの差分を推定する方式を採用でき，

$$\hat{r}_{ui} = \bar{r}_i + \frac{\sum_{j \in I_u} s_{ij}(r_{uj} - \bar{r}_j)}{\sum_{j \in I_u} |s_{ij}|}, \tag{7.7}$$

のように書けます [12]．ここで，$\bar{r}_i$ はアイテム i に対する評価値（評価値は "0" 以外）の平均，I_u はユーザ u が評価しているアイテムの集合です．ユーザの評価履歴を使って，該当ユーザに合う映画を推定評価値 $\hat{r}_{ui}$ が高い順に 5 つ推薦

7.3 映画に対する評価データの解析

するプログラムのソースコードを recomPurePearson2.cpp として示します．ソースコードにおいて，40 行目までは，recomPurePearson1.cpp と同じです．

ソースコードについて補足します．まず，44 行目と 55 行目は非ゼロ要素のみを順次参照しています．CCS 形式では列方向に順次参照しますので，各ユーザの評価履歴を順次取り出すために，50 行目で転置行列 spXt を作成しています．これも疎行列ならではの処理になります．ところで，muNz(i) は，i 番目のアイテムに対する非ゼロ評価値（実際に評価されている値）の平均です．

- 44 CCS 形式の疎行列 spX の第 i 列の要素を順番に取り出すための for 文．InnerIterator とは，疎行列の内側（この場合は列）要素を順番に指定するイテレータという意味．"nNz++" は，後で平均をとるために，列の非ゼロ要素数をカウントしている
- 45 イテレータ it の値（行列の要素の値）を，"it.value()" により取り出し，平均計算のためのベクトルの i 番目の要素 muNz(i) に加算
- 54 ユーザ u が評価している itemId 集合 Iu の宣言
- 55 CCS 形式の疎行列 spXt の第 u 列の要素を順番に取り出すための for 文．
- 60-64 式 7.7 の第 2 項の分子と分母を計算
- 69 multimap は重複を許す map の宣言（キーとそれに対応する値を格納．今回は推定評価値をキー値とし，降順で整列させる．対応する値は itemId）
- 70-72 ユーザ u が未評価の itemId について，推定評価値が大きい順に整列
- 74-75 推定評価値が大きい順に 5 つの itemId を出力

実行例を下記に示します．recom2out.dat は，itemId 表記の推薦結果です．各行にユーザに対する推薦結果を表していますが，それぞれが異なること，同じ itemId（評価値が高い映画．マイナーな映画も多い）が繰り返し出力されていること，などが確認できます．

```
$ ./recomPurePearson2 ml-100k/u.data > recom2out.dat
$ more recom2out.dat
 1467 1500 1536 814 1599
 1189 814 1599 1201 1536
 1122 1653 1500 1599 1536
 .....
```

コード 7.4. 相関による推薦プログラム 2 recomPurePearson2.cpp

```cpp
// recomPurePearson2.cpp
………… 中略…………
VectorXd muNz     = VectorXd::Zero(nItems);//--Itemの平均評価値（除無評価）
for( int i = 0 ; i < nItems ; i++ ){
  double nNz = 0;
  for(SparseMatrix<double>::InnerIterator it(spX,i);it; ++it, nNz++)
    muNz(i) += it.value();
  if( nNz != 0 ) nNz = 1.0 / nNz;
  muNz(i) *= nNz;                    // 非ゼロ要素数で割り，評価の平均算出
}
//-- 各ユーザに対し，評価履歴と相関に基いて推薦リストを作成
SparseMatrix<double> spXt = spX.transpose();
for( int u = 0 ; u < nUsers ; u++ ){
  vector<double> estR(nItems,0); // 各itemについて推測したratings
  vector<double> den(nItems,0);  // 各itemのrating推測に使う類似度の和
  set<int> Iu;
  for( SparseMatrix<double>::InnerIterator it(spXt,u); it ; ++it ){
    int iU = it.row();
    Iu.insert(iU);
    int valU  = it.value();
    MatrixXd iUXX = nUInv * spX.col(iU).transpose() * spX;
    for( int j = 0 ; j < nItems ; j++ ){
      double r = A(iU)*A(j)*(iUXX(j) - mu(iU)*mu(j));
      estR[j] += (valU - muNz(iU)) * r;
      den[j]  += fabs(r);
    }
  }
  for( int i = 0 ; i < nItems ; i++ )
    if( den[i] != 0 ) estR[i] = muNz(i) + estR[i] / den[i];
    else              estR[i] = muNz(i);
  multimap<double, int, greater<double>> mapEstR2itemId;
  for( int i = 0 ; i < nItems ; i++ )
    if( Iu.find(i) == Iu.end() )
      mapEstR2itemId.insert(pair<double, int>(estR[i],i));
  multimap<double,int>::iterator it = mapEstR2itemId.begin();
  for( int j = 0 ; j < 5 ; j++, it++ )
    cout << " " << it->second+1;
  cout << endl;
}
```

7.3.1 推薦の評価

推薦手法（レコメンドシステム）の性能を評価する方法について説明します．前節では，すべての評価データ u.data を使って推薦を行ってきましたが，本項では，学習データ ua.base のみを使って推薦を行い，その結果をテストデータ ua.test を用いて評価します．

7.2 節で説明した，「**4. 評価値の予測**」というレコメンドタスクを評価する場合は，**平均絶対誤差**（**MAE: Mean Absolute Error**）や **RMSE**（**Root Mean Square Error**）が使われ，これらは

$$\mathrm{MAE} = \frac{1}{|R_{test}|} \sum_{r_{ui} \in R_{test}} |\hat{r}_{ui} - r_{ui}|, \tag{7.8}$$

$$\mathrm{RMSE} = \sqrt{\frac{1}{|R_{test}|} \sum_{r_{ui} \in R_{test}} (\hat{r}_{ui} - r_{ui})^2}, \tag{7.9}$$

のように表すことができます．ここで，R_{test} はテスト用の評価データの集合，$|R_{test}|$ はその要素数，r_{ui} はユーザ u のアイテム i に対する真の評価値，$\hat{r}_{ui}$ はその推定値（レコメンドシステムの出力）をそれぞれ表します．

表 7.3. 評価値の予測に対する評価

$u \times i$ の組み合わせ	1	2	3	4	5	誤差
真の評価値 r_{ui}	3	1	2	5	4	-

推薦システム 1

評価の推定値 $\hat{r}_{ui}$	4	3	2	3	4	-
$|\hat{r}_{ui} - r_{ui}|$	1	2	0	2	0	1.0(MAE)
$(\hat{r}_{ui} - r_{ui})^2$	1	4	0	4	0	1.34(RMSE)

推薦システム 2

評価の推定値 $\hat{r}_{ui}$	3	2	5	5	4	-
$|\hat{r}_{ui} - r_{ui}|$	0	1	3	0	0	0.8(MAE)
$(\hat{r}_{ui} - r_{ui})^2$	0	1	9	0	0	1.41(RMSE)

表 7.3 に計算例を示します．ここでは $|R_{test}| = 5$ で，真の評価値との差の絶

対値やその2乗を計算しています．例のように MAE と RMSE の大小は逆転することがあります．

7.2節でも説明しましたが，評価値予測よりも，より適合しているものを先に（上位に）推薦する Top-N 推薦 [10] の重要性が認知されるようになってきました．Top-N 推薦の評価方法として，推薦上位に含まれる正解数（例えば，Precision@10 = 10位までの正解数）などがよく使われますが，文献 [50] が指摘するように，より詳細なところ（推薦順位）まで評価する指標を使うのが，よいでしょう．その1つが nDCG (**Normalized Discounted Cumulative Gain**) で [23]，検索システムの評価にも使われます．今，あるユーザが N 個のアイテムに**適合度** (**relevancy**)（映画の評価値も含む）を付けているとします．そして，あるレコメンドシステムが，同じ N 個のアイテムを，よりユーザに適合していると思われる順番に出力した場合，その出力順位 p のアイテムに対してユーザが付与した適合度が $rel_p(p=1,\ldots,N)$ であるとき，DCG (Discounted Cumulative Gain) と nDCG は，

$$\mathrm{DCG} = rel_1 + \sum_{p=2}^{N} \frac{rel_p}{\log_2 p} \tag{7.10}$$

$$\mathrm{nDCG} = \frac{\mathrm{DCG}}{\mathrm{IDCG}}, \tag{7.11}$$

と書くことができます [23]．ここで，IDCG は理想的な (ideal) DCG という意味で，適合度が大きい順に出力した場合の値です．

表 7.4. DCG の計算

出力順位 p	1	2	3	4	5	DCG
重み (1 or $1/\log_2 p$)	1	1	0.631	0.5	0.431	-

推定した順（推定した適合度が高い順）の推薦

適合度 rel_p	5	2	4	1	3	-
重み×適合度	5	2	2.524	0.5	1.292	11.32(DCG)

理想的な順（真の適合度が高い順）の推薦

適合度 rel_p	5	4	3	2	1	-
重み×適合度	5	4	1.893	1	0.431	12.32(IDCG)

7.3 映画に対する評価データの解析

表 7.4 に DCG の計算例を示します．推定した適合度の値自体を使うのではなく，付けた順位が重要になります．表の中の適合度は，「真の適合度」の意味です．上位ほど重みが大きくなるので，適合度の大きい順に出力するのが DCG を最大化するうえで理想的なのがわかると思います．

例えば，各ユーザについて求めた nDCG の平均が，推薦を評価する目安になると考えられます．実際に評価を行うプログラムのソースコードを evalPurePearson.cpp として示します．学習データ ua.base とテストデータ ua.test を読み込む点，推定の評価値 $\hat{r}_{ui}$ を求めた後，推定評価値を評価する部分が追加されている点などが，これまでのコードと異なります．ここで，ソースコードについて説明します．評価値の推定方法は，recomPurePearson2.cpp の場合と同じです．推定結果を評価する部分が追加されています．

46-61 Item の平均評価値 mu（相関計算用）と muNz（無評価を除く）の算出
67-82 評価値の推定
  83 真の評価値の値を格納する配列 rate の宣言
  84 推定評価値 estR が大きい順に真の評価値 R を整列させるために使う
89-90 mse と mae の加算（後で平均値算出．RMSE と平均絶対誤差として出力）
  93- 各ユーザの idcg と dcg を求め，ndcg（nDCG）を算出（後で平均値算出）

実行例を下記に示します．MovieLens の場合，平均 nDCG の値（最大値 1）は 0.90〜0.96 の間の値をとることが多いので [26]，比較的よい結果と考えます．

```
$ ./evalPurePearson ml-100k/ua.base ml-100k/ua.test
ndcg= 0.949965
rmse= 0.946064
mae = 0.742636
```

参考として，文献 [39] に示されているアイテムベースの相関を用いた推薦の評価を行うためのソースコードを付録 B.3.1 のコード B.2 に示します．ここでは「あるアイテム間の相関を計算する場合，両方のアイテムに対して評価しているユーザの情報のみを使う」という制約を設けています．この制約は感覚的に自然ですが，計算は煩雑になります．見通しの悪化を避け，相関の値を相関行列 P に格納する実装を採りました（速度向上，メモリコスト大）．比較ください．

コード 7.5. PurePearson を使う推薦の評価プログラム evalPurePearson.cpp

```
1   // evalPurePearson.cpp
2   #include <iostream>
3   #include <fstream>
4   #include <string>
5   #include <vector>
6   #include <set>
7   #include <sstream>
8   #include <Eigen/Dense>
9   #include <Eigen/Sparse>
10  using namespace Eigen;
11  using namespace std;
12  int main(int argc, char* argv[]){
13    string fname1 = argv[1];
14    string fname2 = argv[2];
15    int nRows = 0, nCols = 0; // 行数（User）と列数（item）を表す変数の宣言
16    int row, col;
17    double val;
18    string buf;
19    typedef Triplet<double> T;
20    vector<T> triplets1,triplets2;
21    ifstream ifile( fname1 );
22    while( getline(ifile,buf) ){
23      istringstream iss(buf);
24      iss >> row >> col >> val;
25      triplets1.emplace_back(T(row-1,col-1,val));
26      if( row > nRows ) nRows = row;
27      if( col > nCols ) nCols = col;
28    }
29    ifile.close();
30    ifile.open( fname2 );
31    while( getline(ifile,buf) ){
32      istringstream iss(buf);
33      iss >> row >> col >> val;
34      triplets2.emplace_back(T(row-1,col-1,val));
35      if( row > nRows ) nRows = row;
36      if( col > nCols ) nCols = col;
37    }
38    ifile.close();
39    int nItems = nCols;
40    int nUsers = nRows;
41    double nUInv = 1.0 / (double) nUsers;
42    SparseMatrix<double> spX(nUsers,nItems);
```

7.3 映画に対する評価データの解析

```
43    spX.setFromTriplets(triplets1.begin(), triplets1.end());
44    SparseMatrix<double> spX2(nUsers,nItems);
45    spX2.setFromTriplets(triplets2.begin(), triplets2.end());
46    //-- 相関の算出に用いる無評価を0評価とするItemの平均評価値muの算出
47    VectorXd mu(nItems);
48    for( int i=0; i<nItems; i++ ) mu(i) = ((VectorXd) spX.col(i)).mean();
49    VectorXd A(nItems);
50    for( int i = 0 ; i < nItems ; i++ ){
51      double val = nUInv*((VectorXd)spX.col(i)).squaredNorm()-mu(i)*mu(i);
52      if( val > 0 ) A(i) = 1.0 / sqrt(val);
53    }
54    VectorXd muNz  = VectorXd::Zero(nItems);//--Itemの平均評価値（除無評価）
55    for( int i = 0 ; i < nItems ; i++ ){
56      double nNz = 0;
57      for(SparseMatrix<double>::InnerIterator it(spX,i);it; ++it, nNz++)
58        muNz(i) += it.value();
59      if( nNz != 0 ) nNz = 1.0 / nNz;
60      muNz(i) *= nNz;                       // 非ゼロ要素数で割り，評価の平均算出
61    }
62    //-- 各ユーザについて，評価履歴と相関に基づく評価値の推定と推薦の評価
63    SparseMatrix<double> spXt  = spX.transpose();
64    SparseMatrix<double> spX2t = spX2.transpose();
65    double ndcg = 0, mse = 0, mae = 0, nEval = 0;
66    for( int u = 0 ; u < nUsers ; u++ ){
67      //----- 評価値の推定
68      vector<double> estR(nItems,0);  // 各itemについて推測した評価ratings
69      vector<double> den(nItems,0);   // 各itemのrating推測に使う類似度の和
70      for( SparseMatrix<double>::InnerIterator it(spXt,u); it ; ++it ){
71        int iU = it.row();
72        double valU  = it.value();
73        MatrixXd iUXX = nUInv * spX.col(iU).transpose() * spX;
74        for( int j = 0 ; j < nItems ; j++ ){
75          double r = A(iU)*A(j)*(iUXX(j) - mu(iU)*mu(j));
76          estR[j] += (valU - muNz(iU)) * r;
77          den[j]  += fabs(r);
78        }
79      }
80      for( int i = 0 ; i < nItems ; i++ )
81        if( den[i] != 0 ) estR[i] = muNz(i) + estR[i] / den[i];
82        else              estR[i] = muNz(i);
83      vector<double> rate;
84      multimap<double, double, greater<double>>  mapEstR2R;
85      for( SparseMatrix<double>::InnerIterator it(spX2t,u); it ; ++it ){
86        rate.emplace_back(it.value());
```

```
 87          mapEstR2R.insert(pair<double,double>(estR[it.row()],it.value()));
 88          double tmp = estR[it.row()] - it.value();
 89          mse += tmp * tmp;
 90          mae += fabs(tmp);
 91          nEval++;
 92        }
 93        //---- 理想的な dcg (idcg) と推定評価値 estR からの dcg の算出
 94        sort(rate.begin(),rate.end(),greater<double>());// 評価値を降順ソート
 95        multimap<double, double>::iterator it2 = mapEstR2R.begin();
 96        double idcg = rate[0];
 97        double dcg = it2->second;
 98        it2++;
 99        for( int p = 1 ; p < rate.size() ; p++, it2++ ) {
100          idcg += rate[p]      / log2(p+1.0);
101          dcg  += it2->second / log2(p+1.0);
102        }
103        ndcg += dcg / idcg;
104      }
105      cerr << "ndcg= " << nUInv * ndcg  << endl;
106      cerr << "rmse= " << sqrt(mse/nEval) << endl;
107      cerr << "mae = " << mae/nEval << endl;
108    }
```

7.3.2 潜在因子モデルによる推薦

本項では，行動ログデータから，それを説明する潜在因子を取り出して推薦を行う**潜在因子モデル**（Latent Factor Model）を紹介します．その多くは，ユーザ × アイテムの評価値行列から因子を取り出します．なお，この潜在因子モデルも，行動履歴に基づくので，近接モデル（Neighborhood model）と同様に**協調フィルタリング**に属します．

ユーザ × アイテムの評価値行列を使う潜在因子モデルの中で，評価値の予測精度が高いことで知られている手法が **SVD++**[25] です．ここで，**SVD**（Singular Value Decomposition）（＝**特異値分解**）という言葉について説明します．SVD は，主成分分析 PCA と同様に，行列分解方法の1つです（その性質や PCA との関係などは 7.3.3 項で補足します）．SVD++ は，行列を因子に分解して表すという意味で SVD に似ていますが，推定する因子を定め，実際に評価が行われた（評価値が "0" 以外の）要素について，それを予測するう

7.3 映画に対する評価データの解析

えでの最適な因子（パラメータ）の値を決定します．これは，本来の SVD が行う，「行列を表すための直交行列と特異値を求める処理」とは異なります．

前置きが長くなりましたが，本項で紹介するのは，本来の意味（直交行列を求める）での特異値分解 SVD による推薦 [10]（**PureSVD** とよばれます）です．文献 [10] が示すように，「評価値の予測」というタスクには向いていませんが，Top-N 推薦では高い性能を発揮します．今，ユーザ u のアイテム i に対する既知の評価値 r_{ui} を要素とする，ユーザ数 × アイテム数の実数行列 R を考えます．この行列は，

$$R = U\Sigma V^t, \tag{7.12}$$

のように**特異値分解**することができます．ここで，U と V は列行列が互いに直交（内積が 0）する正規直交基底行列，Σ は対角要素を**特異値**（Singular Value）に持つ対角行列です．特異値が大きな方から k 個選択し，それを対角要素に持つ対角行列を Σ_k，選択した特異値に対応する k 個の列行列を U と V から取り出したものを，それぞれ U_k，V_k とすると，R の k 個の特異値による近似，すなわち未知の評価値の推定でもある $\hat{R}$ は，

$$\hat{R} = U_k \Sigma_k V_k^t, \tag{7.13}$$

と表せます．これを推定評価値として推薦に用いるのが PureSVD という手法です．推薦とその評価を行うプログラムのソースコードを evalPureSVD.cpp として示します．行列演算ライブラリ Eigen に用意されている，密行列用の特異値分解クラスを用いています（なお，ソースコード中，特異値を要素とする行列やベクトルを S と表記しています）．ソースコードの 45 行目までは evalPurePearson.cpp と同じ，また 64 行目以降は，同ソースコードの 81 行目以降と同じです．評価値の推定（61-63 行目）は，すでに推定済みの値を行列からコピーしています．実行の様子を下記に示します．k の値が 20 前後のときに推薦の評価値のピークがあるようです．mae（平均絶対誤差）の値は悪いですが，Top-N 推薦の評価である ndcg（nDCG）は，比較的良い値です．

```
$ ./evalPureSVD ml-100k/ua.base ml-100k/ua.test 20
ndcg= 0.937665
rmse= 2.82581
mae = 2.54653
```

コード 7.6. PureSVD を使う推薦の評価プログラム evalPureSVD.cpp

```cpp
 1  // evalPureSVD.cpp
    .............中略.............
46  //-- SVD の実行と評価値の推定 (＝推定行列 estRM の計算)
47  int k = stoi(argv[3]);
48  MatrixXd X = spX;
49  BDCSVD<MatrixXd> svd(X, ComputeThinU | ComputeThinV);
50  MatrixXd Vk = svd.matrixV().block(0,0,nItems,k);
51  MatrixXd Uk = svd.matrixU().block(0,0,nUsers,k);
52  VectorXd S  = svd.singularValues();
53  MatrixXd Sk = MatrixXd::Zero(k,k);
54  for( int j = 0 ; j < k ; j++ ) Sk(j,j) = S(j);
55  MatrixXd estRM = Uk * Sk * Vk.transpose();
56  //-- 各ユーザについて，評価値の推定と推薦の評価
57  SparseMatrix<double> spXt  = spX.transpose();
58  SparseMatrix<double> spX2t = spX2.transpose();
59  double ndcg = 0, mse = 0, mae = 0, nEval = 0;
60  for( int u = 0 ; u < nUsers ; u++ ){
61    //---- 評価値の推定
62    vector<double> estR(nItems,0); // 各 item について推測した評価 ratings
63    for( int i = 0 ; i < nItems ; i++ ) estR[i] = estRM(u,i);
64    //---- 推定評価値の評価
65    vector<double> rate;
66    multimap<double, double, greater<double>>  mapEstR2R;
67    for( SparseMatrix<double>::InnerIterator it(spX2t,u); it ; ++it ){
68      rate.emplace_back(it.value());
69      mapEstR2R.insert(pair<double,double>(estR[it.row()],it.value()));
70      double tmp = estR[it.row()] - it.value();
71      mse += tmp * tmp;
72      mae += fabs(tmp);
73      nEval++;
74    }
75    //---- 理想的な dcg (idcg) と推定評価値 estR からの dcg の算出
76    sort(rate.begin(),rate.end(),greater<double>());// 評価値を降順ソート
77    multimap<double, double>::iterator it2 = mapEstR2R.begin();
78    double idcg = rate[0];
79    double dcg = it2->second;
80    it2++;
81    for( int p = 1 ; p < rate.size() ; p++, it2++ ) {
82      idcg += rate[p]    / log2(p+1.0);
83      dcg  += it2->second / log2(p+1.0);
84    }
85    ndcg += dcg / idcg;
86  }
```

7.3 映画に対する評価データの解析

```
87      cerr << "ndcg= " << nUInv * ndcg  << endl;
88      cerr << "rmse= " << sqrt(mse/nEval) << endl;
89      cerr << "mae = " << mae/nEval << endl;
90   }
```

演習問題 7.3：推薦技術の評価演習

推薦技術の評価を，実際に evalPurePearson や evalPureSVD を使って行い，出力結果や実行時間について考察しなさい．

7.3.3 特異値分解 SVD についての補足

ここで，特異値分解 SVD と主成分分析の関係について説明します．各列ベクトルが入力ベクトルとなっている**入力ベクトル行列** X があるとします．推薦における評価値の行列 R（ユーザ数 × アイテム数）であれば，アイテムの特徴を表す列ベクトルの束としての行列を考えることに相当します．このとき，行列 X の分散共分散行列 C_{ov} は，重心ベクトル（平均ベクトル）μ を使い，

$$C_{ov} = \frac{1}{N} X X^t - \mu \mu^t, \tag{7.14}$$

と表すことができます（式 6.13 参照）．ここで N は入力ベクトル数（列数）です．また，実対称行列である C_{ov} は，固有ベクトル行列 Φ と固有値を対角要素とする対角行列 Λ により，

$$C_{ov} = \Phi^t \Lambda \Phi, \tag{7.15}$$

と表すことができます（6.2 節参照）．また行列 X は，特異値分解により，

$$X = U \Sigma V^t, \tag{7.16}$$

と表すことができます．これらの式から，

$$\begin{aligned}
C_{ov} &= \Phi^t \Lambda \Phi \\
&= \frac{1}{N} X X^t - \mu \mu^t = \frac{1}{N} \left(U \Sigma V^t \right) \left(U \Sigma V^t \right)^t - \mu \mu^t \\
&= \frac{1}{N} U \Sigma V^t V \Sigma U^t - \mu \mu^t \\
&= \frac{1}{N} U \Sigma^2 U^t - \mu \mu^t,
\end{aligned} \tag{7.17}$$

という関係式が導けます．式変形において，V（列ベクトルが正規直交基底なので $V^t V = I$（単位行列）が成り立つ）を使いました．このことから，もし原点が入力ベクトルの重心であれば，$\mu\mu^t$ の項がなくなるので，主成分分析は特異値分解を使って行えることになります．逆にいえば，特異値分解は原点，主成分分析は重心から見た解析という違いがあるともいえます．

このように，主成分分析と特異値分解は，近い技術です．そして，主成分分析が特徴変換（圧縮）技術として使えるように，特異値分解も，対応する特異値が大きい k 列を取り出した，U_k あるいは V_k を用い，

$$U_k^t X, \ y = U_k^t x, \tag{7.18}$$
$$X V_k, \ y = x V_k, \tag{7.19}$$

のようにすることで，特徴変換ができます．$U_k^t X$ は，行列 X の列ベクトルを k 次元に変換（圧縮）し，$X V_k$ は行ベクトルを k 次元に変換します．もちろん，列ベクトルや行ベクトル x を k 次元のベクトル y へ変換することができます．特徴が列方向とみるか行方向とみるかは，目的や用途によります．この考え方は，後述の文書データの解析でも使われます．

7.4 レコメンド技術（その2）

前節では，映画に対する評価データを解析し，レコメンドやその評価を行う手法をいくつか紹介しました．本節では，さまざまなレコメンド手法の長所・短所などについて説明します．

まず，レコメンド手法は用いるデータにより，**協調フィルタリング**（**Collaborative filtering**）と**内容ベースフィルタリング**（**Content-based filtering**）に分類できます．**表 7.5** に，これらの代表的な長所・短所をあげました．協調フィルタリングは，これまでプログラムで例を示してきた方法で，アイテムに対する行動ログを使います．ユーザの行動（アイテムの購買や評価）を予測することに関しては，精度が高いと期待できます．ただし，用いるデータの性質上，行動ログがない段階では推薦ができないという問題があります．新規アイテムに対しても同様の理由で推薦が困難です．これは**コールドスタート問題**（**Cold-start Problem**）とよばれます．

一方，内容ベースフィルタリングというのは，アイテム自身の特徴（ドメイン

7.4 レコメンド技術(その2)

表 7.5. 用いるデータによるレコメンド技術の分類

	協調フィルタリング	内容ベースフィルタリング
用いるデータ	アイテムに対する行動ログ	アイテム自身の特徴
長所	行動予測の精度高 多様性大	コールドスタート推薦可能 少数派にも推薦可能 推薦理由が明確
短所	コールドスタート問題 推薦理由が不明	多様性に難点あり

知識や付随するテキスト情報)などを用いるため，コールドスタート問題がなく，新規アイテムに対する推薦も可能です．また，ユーザ数の大小に左右されないので，少数派への推薦も可能といえます．さらに，用いる特徴がわかっているため，推薦理由が何かを追跡すること，見せることも可能になります．その反面，特徴から予想できる範囲の推薦しかできないため，多様性は小さくなりがちです．その点，協調フィルタリングはさまざまな関係を通じて目新しい推薦を行える可能性があります．両方の手法の長所を活かすことを目指すハイブリッド推薦の研究もあります [7].

次に，ここまで主に扱ってきた協調フィルタリングに限定して考えます．これらは，手法の違いに基づき，**Neighborhood model（近接モデル，近接法）** と**潜在因子モデル（Latent Factor Model）** に分類できます．**表 7.6** に，これらの代表的な長所・短所をあげました．近接モデルの核となるのは式 7.7 で，**何らかの類似度（相関係数，コサイン類似度）を求め，類似度の高さに応じた評価値の加重平均で，未知の評価値は表される**というモデル（＝仮定，考え方）です．加重平均対象となるデータは，類似度にしきい値を設けたり，類似度の高い方から k 個選択したり（例えば [10]）することで決めることもあります．本書では，アイテム間の類似度を用いる方法 [39] を示しましたが，ユーザ間の類似度を考えることもできます [36]．前者は，**アイテムベース協調フィルタリング**とよばれ，後者は**ユーザベース協調フィルタリング**とよばれます．一般に行列で表されるデータは，縦から見ているものを横から見るようにするなど，**見方を変える**ことがよく行われます．それにより，見通しが良くなったり，性能が良

表 7.6. 協調フィルタリングの分類

	近接モデル	潜在因子モデル
別名	メモリベース法	モデルベース法
長所	モデルパラメータ不要	モデルパラメータから推定
短所	個々の類似度の保存が必要	パラメータ推定に時間を要す

くなったりすることがあります．

　潜在因子モデルは，推定対象である評価値が，そもそもどのような形で表されるかという**モデル**（＝仮定）を作り，既知の情報を用いて，最も適合する（もっともらしい）**モデルパラメータ**を求め，これらを使って推定を行います．例えば，式7.13がモデルです．そして式中の k 個に制限した，正規直交基底（U_k や V_k）や特異値 Σ_k を求め，これを使って評価値の推定値 $\hat{R}$ を算出します．これは，「モデルを用いて，データの背後にある特徴や関係性を明らかにする」というモデルベースのデータ解析そのものの手順です．PureSVD[10]に基づく推薦のプログラムを動かした方は，パラメータを推定する時間が短いと感じられたかもしれません．しかし，すべてのデータを考慮して最適なパラメータを推定するため，規模が大きければ，膨大な時間を要することも容易に想像できます．一方の近接モデルでは，データ全体に対して適合するパラメータを最適化により求めるようなことはなく，短時間で算出可能な類似度（局所データのみから計算可能）を個々に求めるだけですみます．ただし，これらをメモリ上に記憶するとなると，規模が大きくなればメモリ容量が気になります（近接モデルは，**メモリベース法**ともよばれます）．

　潜在因子モデルはモデルベース法ともよばれ，文献[41, 42, 43]が，多くの手法を体系的に整理して紹介しています．本章では，その1つとして推定評価値の行列を特異値分解により表す方法[10]を示しました．また本書で扱ってきた，クラスタリングや確率モデルを使う方法もあります．多くの手法は，多変量解析を含む統計解析からヒントを得ているといえます．

第 8 章
文書データの解析

8.1 文書データ

　ここで，文書データの解析例について示します．本来，文書を構成する文章は，文法に従って書かれ，同じ単語を使っても異なる意図を伝えることができ，否定形があるか否かで全く逆の主張をすることになるなど，大変複雑です．このように単語の並び方は重要なのですが，その順番をあえて考慮せずに，登場する単語の集合が文書の特徴を決めると考える **BOW モデル**（"bag-of-words" モデル，「バッグに詰め込んだ**単語集合**」という意味）に基づいて文書を解析する方法があり，広く使われています．本書では，この BOW モデルを使った解析例を紹介します．

　さまざまな文書と，そこに出現する単語は，行動ログ（表 7.1 参照）と同様に，**表 8.1** のように表形式で表すことができます．例えば，単語 1 が文書 1 に 8 個と文書 4 に 7 個登場し，文書 3 が単語 2 を 3 個と単語 4 を 6 個含むことを表しています．実際に，個々の文書に含まれる単語は，全単語集合から見ればほんの一部ですから，この文書集合の表現にも，疎行列が適しています．

表 8.1. **文書集合の行列表現**

	文書 1	文書 2	文書 3	文書 4	文書 5
単語 1	8	0	0	7	0
単語 2	0	1	3	0	0
単語 3	9	0	0	0	2
単語 4	0	0	6	0	0

解析のための文書として，ニュースグループへの投稿記事（英語）を使います．このデータは，K.Lang 氏が収集した約 2 万件の文書データで，`http://qwone.com/~jason/20Newsgroups/` (2024.09.17 訪問) からダウンロードできます．いくつか形式が選べますが，**Matlab/Octave** という見出しの下にある「20news-byte-matlab.tgz」をダウンロードし，例えば下記コマンドで展開してください．これらはある程度の処理が施されており，データは 3 つ組形式になっています．また，ページのさらに下の方にある `vocabulary.txt` もダウンロード（リンクを右クリックしてリンク先を保存）して，カレントディレクトリに置いてください．

```
$ tar xvf 20news-bydate-matlab.tgz
```

以下，カレントディレクトリに `vocabulary.txt` とデータディレクトリ `20news-bydate` があるものとして説明します．実験ですぐに使うデータは，`20news-bydate` 直下にある 4 つのファイルと `vocabulary.txt` です．

- `train.data` （学習用のデータで，各行に 1 件ずつ 3 つ組があります．空白で区切られた第 1～第 3 カラムは，{ 文書 id[1,11269]，単語 id（1 以上），単語数（1 以上）} です）
- `train.label` （第 n 行目に `train.data` の文書（文書 id=n）が属するカテゴリの id[1,20] を持つ 11,269 行のデータ．カテゴリ id と名称の関係は `train.map` にあります）
- `test.data` （テスト用のデータで，各行に 1 件ずつ 3 つ組があります．空白で区切られた第 1～第 3 カラムは，{ 文書 id[1,7505]，単語 id（1 以上），単語数（1 以上）} です）
- `test.label` （第 n 行目に `test.data` の文書（文書 id=n）が属するカテゴリの id[1,20] を持つ 7,505 行のデータ）
- `vocabulary.txt`（文書に出現する単語リストです．第 n 行目に**単語 id** が n の単語を表していて，全部で 61,188 行（単語）あります）

すでに 3 つ組になっているため，`train.data` や `test.data` は，前述の `readTrp` を使って読み込むことが可能です．しかし，次のことを考慮して，下

8.1 文書データ

処理をします．

1. 表 8.1（単語×文書）に合わせるために，3 つ組の順序を変えた方がよい
2. クラスタリング（教師なし学習）のために，学習用データとテストデータをマージしたデータがあるとよい
3. **ストップワード（Stop words**：一般的で，解析の外乱要因になる単語）が含まれているので，これを取り除いたデータも必要である

1 番目の課題は，第 1 カラム（文書 id）と第 2 カラム（単語 id）とを入れ替えることで解決できます．入れ替えた後の学習用データとテスト用データとを，それぞれ 20ngTrain.dat と 20ngTest.dat と表すことにすると，

```
awk '{print $2,$1,$3}' 20news-bydate/matlab/train.data > 20ngTrain.dat
awk '{print $2,$1,$3}' 20news-bydate/matlab/test.data > 20ngTest.dat
```

というコマンド処理でカレントディレクトリにデータファイルができます．

2 番目の課題に対処するには，データファイルをつなげればよいのですが，文書 id が重ならないようにしなくてはなりません．ここでは，テストデータの文書 id を学習用データの文書 id[1,11269] の後に続けるために，文書 id を変更する処理（文書 id に 11269 を足す）を施します．例えば，下記に示すコマンドで対処できます（3 つ組形式のデータは，行の順番を入れ替えても通常は大丈夫です）．また，文書が属するカテゴリを表すラベルデータ (train.label と test.label) を，カレントディレクトリ（.）にコピーし，それを cat コマンドでつなげて 20ng.label（20ng.dat 用のラベルデータ）を作成する一連のコマンドも合わせて示します．

```
awk '{print $1,$2+11269,$3}' 20ngTest.dat > tmp
cat 20ngTrain.dat tmp > 20ng.dat
cp 20news-bydate/matlab/train.label 20ngTrain.label
cp 20news-bydate/matlab/test.label 20ngTest.label
cat 20ngTrain.label 20ngTest.label > 20ng.label
```

3 番目の課題については，ストップワードのリストをダウンロードし，処理プログラム（後述）を使って対処します．ストップワードの例としては，"the" や"a"などの冠詞や"and" や"or" などの接続詞などがあります．これらは文書の内容

とは無関係ですので，内容に基づいた処理をするときは取り除いた方が良いのです．もし，これを残したままにした場合，文書分類においては，多少悪影響がある程度で済むと思います．しかし，文書クラスタリングにおいては，これを除去しないと大きな影響があります．クラスタリングの解析（後述）を行いながら，その理由を考えてみてください（演習問題として出題します）．さて，実際の処理ですが，ストップワードのリストとして，文献 [28] で示されているものを使うことにします．これは，http://www.ai.mit.edu/projects/jmlr/papers/volume5/lewis04a/a11-smart-stop-list/english.stop (2024.09.17 訪問) からダウンロードできます．これを stopW.dat という名前に変更してカレントディレクトリに置いてください．また，下記ソースコードを excludeStopWords.cpp というファイル名で保存し，コンパイルにより実行ファイル excludeStopWords を作成してください．Makefile は，Eigen ライブラリが使えるようにしてください（下記）．

```
CXX = g++
CXXFLAGS = -O3 -I/usr/include/eigen3
```

実行は下記のようになります．この処理で，カレントディレクトリにストップワードを除去した文書データファイル 20ngTrainNoS.dat, 20ngTestNoS.dat, 20ngNoS.dat が生成されます．なお，ストップワードを除去したことにより，1 つの単語も無い「空の文書」ができます（このデータでは 2 文書）．このままでも文書処理は可能で，処理結果の評価への影響も軽微です．したがって，以降もこのデータを使って処理の説明をします．参考までに，空の文書を取り除いて文書 id を振り直す方法を付録 B.4.1 に示します．

```
./excludeStopWords 20ngTrain.dat vocabulary.txt stopW.dat > 20ngTrainNoS.dat
./excludeStopWords 20ngTest.dat vocabulary.txt stopW.dat > 20ngTestNoS.dat
./excludeStopWords 20ng.dat vocabulary.txt stopW.dat > 20ngNoS.dat
```

演習問題 8.1：文書データファイルのサイズ

ストップワードを除去する前と後の文書データファイルについて，そのサイズをコマンド "wc -l 20ng.dat" などを使って調べ，そこからわかるストップワードの性質について述べなさい．

8.1 文書データ

コード 8.1. ストップワード除去プログラム

```cpp
// excludeStopWords.cpp
#include <iostream>
#include <fstream>
#include <string>
#include <vector>
#include <set>
#include <sstream>
#include <Eigen/Dense>
#include <Eigen/Sparse>
using namespace Eigen;
using namespace std;
int main(int argc, char* argv[]){
  string fname = argv[1];
  ifstream ifile( fname );
  int nRows = 0, nCols = 0; // 行数 (ndim) と列数 (文書数) を表す変数の宣言
  int row, col;
  double val;
  string buf;
  typedef Triplet<double> T;
  vector<T> triplets;
  while( getline(ifile,buf) ){
    istringstream iss(buf);
    iss >> row >> col >> val;
    triplets.emplace_back(T(row-1,col-1,val));
    if( row > nRows ) nRows = row;
    if( col > nCols ) nCols = col;
  }
  ifile.close();
  int ndim = nRows;     // 行数は, 単語種類数 (特徴の次元数 ndim=M) を表す
  int nvec = nCols;     // 列数は, 文書数 nvec=N を表す
  SparseMatrix<double> spX(ndim,nvec);
  spX.setFromTriplets(triplets.begin(), triplets.end());
  SparseMatrix<double> spXt = spX.transpose();
  //-- ストップワードの単語 id (id は 0 始まり) 集合の作成
  string fnameVoca = argv[2];
  string fnameStop = argv[3];
  set<int> stopids;     // ストップワードの単語 id (id は 0 始まり) 集合
  map<string, int> w2id; // 単語 (string) から単語 id へのマップ
  ifile.open(fnameVoca);
  int id = 0;
  while( ifile >> buf ) w2id.insert(pair<string, int>(buf,id++));
  ifile.close();
```

```
43      ifile.open(fnameStop);
44      while( ifile >> buf )
45        if( w2id.find(buf) != w2id.end() ) stopids.insert(w2id[buf]);
46      id = 0;            // 単語 id 用．（ストップワードを除きながらふりなおします）
47      for( int m = 0 ; m < ndim ; m++ ){         // すべての単語について
48        if( stopids.find(m) == stopids.end() ){ // ストップワードでなければ
49          for(SparseMatrix<double>::InnerIterator it(spXt,m);it; ++it)
50            cout << id+1 << " " << it.row()+1 << " " << it.value() << endl;
51          id++;
52        }
53      }
54    }
```

ソースコードについて，補足します．単語ごとに処理をする（47 行目以降）ため，33 行目で転置行列 spXt を作成しています．CCS 形式の疎行列では，列ごとに処理をすることができます．spX は，文書ごとの情報が列に入っています．転置行列にすれば，単語ごとの情報が列に入ります．

- -32 文書データ（3 つ組形式）の CCS 形式の疎行列 spX への読み込み
- 33 単語ごとの処理のための転置行列 spXt の作成
- 37 ストップワードの単語 id 集合の宣言（この単語 id はプログラム内部表現なので，0 から始まります．[外部ファイルの単語 id 値-1]）
- 38-41 vocaburary.txt の単語から内部の単語 id へ対応づけるマップ w2id の作成（もちろん，任意の単語リストに対応します）
- 43-45 ストップワード stopW.dat の単語の id 集合作成
- 47- 単語ごとに，それがストップワードでないことを確認しながら，3 つ組を出力（単語 id はふりなおす．プログラム内部では id は 0 から，外部では 1 からなので，1 を足して出力）

ストップワードを除去した後，文書に出現する単語リストを求めるプログラムのソースコードと実行例を示します．

```
$ ./updateVocabulary vocabulary.txt stopW.dat > vocabularyNoS.txt
```

```cpp
// updateVocabulary.cpp
#include <iostream>
#include <fstream>
#include <string>
#include <set>
using namespace std;
int main(int argc, char* argv[]){
  string fnameVoca = argv[1];
  string fnameStop = argv[2];
  string buf;
  set<string> stopWords;
  ifstream ifile( fnameStop );
  while( ifile >> buf ) stopWords.insert(buf);
  ifile.close();
  ifile.open( fnameVoca );
  while( ifile >> buf )
    if( stopWords.find(buf) == stopWords.end() )//ストップワードでなければ
      cout << buf << endl;
  ifile.close();
}
```

8.2 文書データのクラスタリング

　前節で用意した文書データをクラスタリングする解析について紹介します．3章では，非階層的クラスタリングの1つとして平方和最小基準クラスタリングを示しました．3.7節でも触れたように，本章で紹介している行動ログや文書データのような高次元データについては，**球面集中現象**が起こるので，平方和最小基準クラスタリングは適しません（一度挑戦すると，うまくいかない様子を実感できると思います）．

　そこで本節では，クラスタリング基準として，

1. コサイン類似度に基づくクラスタリング（球面クラスタリング）
2. 情報量基準に基づくクラスタリング（情報理論的クラスタリング）

の2つを紹介します．また，それぞれのクラスタリング基準に対して，k-meansタイプのアルゴリズムと競合学習アルゴリズムを示します．このように，色々な基準とアルゴリズムを用いて解析するので，3章の冒頭で指摘した「非階層的

クラスタリングでは，**クラスタリング基準**と**アルゴリズム**（手法）の選択が重要」を，本節の実験を通して納得して頂けると思います．以下では，文書データを文書に関してクラスタリングしますが，文書の特徴である単語についてクラスタリングすることも可能であり，また行動ログデータをクラスタリングすることもできます．

8.2.1 球面クラスタリング

本項では，**コサイン類似度**を使う**球面クラスタリング** [14] について説明します．これは，すべての入力ベクトル x の長さを 1 に正規化する（$\|x\| = 1$）ところから始めます．そして，クラスタ内平方和 J_W の代わりに，基準（大きいほど優れる）としてクラスタ内コサイン類似度 $\cos_W$

$$\cos_W = \frac{1}{N} \sum_{k=1}^{K} \sum_{x_i \in C^k} x_i \cdot \frac{\mu_k}{\|\mu_k\|}$$

$$\mu_k = \frac{1}{N} \sum_{x_i \in C^k} x_i, \tag{8.1}$$

を用います[*1]．ここで，N は入力ベクトルの個数，K はクラスタ数，C^k と μ_k はそれぞれ k 番目のクラスタと重心ベクトルを表します．コサインと内積には

$$\cos\theta = \frac{x_1 \cdot x_2}{\|x_1\|\|x_2\|} = \frac{x_1}{\|x_1\|} \cdot \frac{x_2}{\|x_2\|} \tag{8.2}$$

の関係（**図 8.1** 参照）があるので，ベクトルの長さを 1 にしておけば，内積がコサインを表すことになります．ベクトル間のユークリッド 2 乗距離（平方和）とコサイン類似度は，全く異なる量に見えますが，図 8.1 において

$$\|x_1 - x_2\|^2 = \|x_1\|^2 - 2x_1 \cdot x_2 + \|x_2\|^2, \tag{8.3}$$

ですので，$\|x_1\| = \|x_2\| = 1$ のときは，**平方和が小さいほどコサイン類似度が大きい**という関係が成り立ちます．したがって，球面上であれば，平方和を最小

[*1] 本書では，値の意味を理解しやすくするため，全体をベクトル数 N で割り，コサイン類似度の平均値を基準としました．

8.2 文書データのクラスタリング

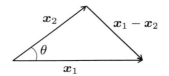

図 8.1. ベクトルの差と角度

化することと，コサイン類似度を最大化することは同意になります．ところで，上式では，内積をドット（·）で表しましたが，ベクトルを列ベクトルとすれば，

$$\boldsymbol{x}_1^t \boldsymbol{x}_2 = (x_{11} \ldots x_{M1}) \begin{pmatrix} x_{12} \\ \vdots \\ x_{M2} \end{pmatrix} = \sum_{m=1}^{M} x_{m1} x_{m2} = \boldsymbol{x}_1 \cdot \boldsymbol{x}_2, \qquad (8.4)$$

のように書くこともできます（図 6.1 参照）．

では，球面クラスタリングに対応した k-means アルゴリズム（**球面 k-means**（spherical k-means）**アルゴリズム**）を示します．基本的なアイデアは，通常の k-means アルゴリズム（図 3.5 参照）と同様に，クラスタの重心を求めて長さを 1 に正規化して重みベクトルとする**重みベクトルの更新**と，個々の入力ベクトルを最もコサイン類似度が大きな重みベクトルに属させる**クラスタラベルの更新**とを交互に繰り返します．相違点は，重みベクトルの長さを 1 に正規化すること，距離の代わりにコサイン類似度を求めること，の 2 点です．また，平方和最小基準クラスタリングのときと同様に，クラスタ内コサイン類似度が局所最大になる**クラスタリングの局所最適解**は，量子化コサイン類似度[*2]を局所最大にする**ベクトル量子化の局所最適解**と一致します．今回もこの一致を局所最適解への収束条件として使うことにします．量子化コサイン類似度 $\cos_Q$ は，

$$\cos_Q = \frac{1}{N} \sum_{i=1}^{N} \max_k (\boldsymbol{x}_i \cdot \boldsymbol{w}_k), \qquad (8.5)$$

と書けます．この式では，各入力ベクトル $\boldsymbol{x}$ について，コサイン類似度（＝内積）が最大となる重みベクトル $\boldsymbol{w}$ との内積を計算し，これを足し合わせて，平均をとっています．次に，クラスタリングを行うソースコードを示します．まず

[*2] 量子化されたベクトルと元のベクトルとのコサイン類似度（ここではその平均値）．

3つのソースコードファイル commonDoc.h，commonDoc.cpp，spK-means.cpp を作り，spK-means を作成してください．以下は，Makefile の例です（共通関数を使う後述のプログラムも追加しています）．

```
CXX = g++
CXXFLAGS = -O3 -I/usr/include/eigen3
spK-means:       commonDoc.o
spCompLearn:     commonDoc.o
sdK-means:       commonDoc.o
sdCompLearn:     commonDoc.o
evalClustering2: commonDoc.o
```

コード 8.2. 文書クラスタリング用共通関数 commonDoc.h

```
 1  // commonDoc.h
 2  #ifndef _COMMONDOC_H
 3  #define _COMMONDOC_H
 4  #include <vector>
 5  #include <Eigen/Dense>
 6  #include <Eigen/Sparse>
 7  #include <limits>
 8
 9  typedef Eigen::SparseMatrix<double, Eigen::RowMajor> spRMat;
10  typedef Eigen::SparseMatrix<double> spCMat;
11  typedef Eigen::MatrixXd Mat;
12  typedef Eigen::VectorXd Vec;
13  typedef Eigen::VectorXi Veci;
14
15  double updateWeightCos( spCMat& spX, Veci& lbls, Mat& weight );
16
17  double updateLabelCos( spCMat& spX, Veci& lbls, Mat& weight );
18
19  double aveCos( spCMat& spX, Veci& lbls, Mat& weight );
20
21  double updateWeightEntropy( spCMat& spX, Veci& lbls, Mat& weight );
22
23  void updateLabelEntropy(spCMat& spX, Veci& lbls, Mat& weight, double a);
24
25  double aveEntropy( spCMat& spX, Veci& lbls, Mat& weight );
26
27  #endif
```

8.2 文書データのクラスタリング

ソースコード commonDoc.h の 9-13 行目は，記述を短くして読みやすくするために typedef を使って「型」を定義しています．例えば，spCMat と書けば Eigen::SparseMatrix<double>と書いたことと同じになります．

コード 8.3. 文書クラスタリング用共通関数 commonDoc.cpp

```
// commonDoc.cpp
#include "commonDoc.h"

double updateWeightCos( spCMat& spX, Veci& lbls, Mat& weight ){
  int nvec = spX.cols();
  int ndim = spX.rows();
  int numc = weight.cols();
  //--クラスタ重心を求め，正規化（L2 ノルムを 1 に）
  weight = Mat::Zero(ndim,numc);
  for( int i = 0 ; i < nvec ; i++ ){
    int label = lbls(i);
    for(spCMat::InnerIterator it(spX,i);it; ++it)
      weight(it.row(),label) += it.value();
  }
  for( int k = 0 ; k < numc ; k++ ){
    double norm = weight.col(k).norm();
    if( norm != 0.0 ) weight.col(k) /= norm;
  }
  //-- 平均 Cosine（クラスタリングの評価値）の算出 --
  return aveCos( spX, lbls, weight );
}

double updateLabelCos( spCMat& spX, Veci& lbls, Mat& weight ){
  int nvec = spX.cols();
  int ndim = spX.rows();
  int numc = weight.cols();
  //--クラスタラベルの更新
  for( int i = 0 ; i < nvec ; i++ ){
    int label = -1;          //-- クラスタラベルの仮設定（以下で更新）
    double maxC = -10;       //-- 最大 Cos の初期化（取り得ない小さな値）
    for( int k = 0 ; k < numc ; k++ ){ //-- 各重みベクトルとの Cos 計算
      double cos = 0;        //-- Cos 計算用の変数
      for(spCMat::InnerIterator it(spX,i);it; ++it)
        cos += weight(it.row(),k) * it.value();
```

```cpp
35        if( cos > maxC ){     //-- もし「最大 Cos」の候補より大きいなら
36          maxC = cos;          //-- 「最大 Cos」の候補の更新
37          label = k;           //-- クラスタラベル候補の更新
38        }
39      }
40      lbls(i) = label;         //-- クラスタラベルの更新
41    }
42    //-- 平均 Cosine（ベクトル量子化の評価値）の算出 --
43    return aveCos( spX, lbls, weight );
44  }
45
46  double aveCos( spCMat& spX, Veci& lbls, Mat& weight ){
47    int nvec = spX.cols();
48    int ndim = spX.rows();
49    double aCos = 0;
50    for( int i = 0 ; i < nvec ; i++ ){
51      int label = lbls(i);
52      double cos = 0;
53      for(spCMat::InnerIterator it(spX,i);it; ++it)
54        cos += weight(it.row(),label) * it.value();
55      aCos += cos;
56    }
57    return aCos / (double) nvec;
58  }
59
60  double updateWeightEntropy( spCMat& spX, Veci& lbls, Mat& weight ){
61    int nvec = spX.cols();
62    int ndim = spX.rows();
63    int numc = weight.cols();
64    //--クラスタ重心を求め，正規化（L1 ノルムを 1 に）
65    weight = Mat::Zero(ndim,numc);
66    for( int i = 0 ; i < nvec ; i++ ){
67      int label = lbls(i);
68      for(spCMat::InnerIterator it(spX,i);it; ++it)
69        weight(it.row(),label) += it.value();
70    }
71    for( int k = 0 ; k < numc ; k++ ){
72      double sum = weight.col(k).cwiseAbs().sum();
73      if( sum != 0.0 ) weight.col(k) /= sum;
74    }
75    //-- クラスタ内平均 Entropy（クラスタリングの評価値）の算出 --
76    return aveEntropy( spX, lbls, weight );
77  }
78
```

8.2 文書データのクラスタリング

```cpp
void updateLabelEntropy(spCMat& spX, Veci& lbls, Mat& weight, double a){
  int nvec = spX.cols();
  int ndim = spX.rows();
  int numc = weight.cols();
  double a2 = 1.0 - a;
  //--クラスタラベルの更新
  for( int i = 0 ; i < nvec ; i++ ){
    int label = -1;            //-- クラスタラベルの仮設定（以下で更新）
    double minE = std::numeric_limits<double>::max(); //最小距離初期化
    for( int k = 0 ; k < numc ; k++ ){ //-- 各重みベクトルとの sKL 計算
      double sKL = 0;          //-- skew(KL)Div. 計算用の変数
      for(spCMat::InnerIterator it(spX,i);it; ++it){
        double tmp = a*weight(it.row(),k) + a2*it.value();
        sKL -= it.value() * log2(tmp);
      }
      if( sKL < minE ){        //-- もし「最小距離」の候補より小さいなら
        minE = sKL;            //-- 「最小距離」の候補の更新
        label = k;             //-- クラスタラベル候補の更新
      }
    }
    lbls(i) = label;           //-- クラスタラベルの更新
  }
}

double aveEntropy( spCMat& spX, Veci& lbls, Mat& weight ){
  int nvec = spX.cols();
  int ndim = spX.rows();
  int numc = weight.cols();
  double aEntropy = 0;
  std::vector<double> nelem(numc,0);
  for( int i = 0 ; i < nvec ; i++ ) nelem[lbls(i)]++;
  for( int k = 0 ; k < numc ; k++ ){
    double sum = 0;
    for( int m = 0 ; m < ndim ; m++ )
      if( weight(m,k) > 0 ) sum -= weight(m,k) * log2(weight(m,k));
    aEntropy += sum * nelem[k];
  }
  return aEntropy / (double) nvec;
}
```

コード 8.4. 球面 k-means アルゴリズム spK-means.cpp

```cpp
// spK-means.cpp
#include <iostream>
#include <fstream>
#include <string>
#include <vector>
#include <sstream>
#include <random>
#include <Eigen/Dense>
#include <Eigen/Sparse>
#include "commonDoc.h"
using namespace Eigen;
using namespace std;
int main(int argc, char* argv[]){
  string fname = argv[1];
  ifstream ifile( fname );
  int nRows = 0, nCols = 0; // 行数（ndim）と列数（文書数）を表す変数の宣言
  int row, col;
  double val;
  string buf;
  typedef Triplet<double> T;
  vector<T> triplets;
  while( getline(ifile,buf) ){
    istringstream iss(buf);
    iss >> row >> col >> val;
    triplets.emplace_back(T(row-1,col-1,val));
    if( row > nRows ) nRows = row;
    if( col > nCols ) nCols = col;
  }
  ifile.close();
  int ndim = nRows;
  int nvec = nCols;
  spCMat spX(ndim,nvec);
  spX.setFromTriplets(triplets.begin(), triplets.end());
  Veci lbls(nvec);
  int numc = stoi( argv[2] );
  int seed = stoi( argv[3] );
  mt19937 gen(seed);
  uniform_int_distribution<int> dist(0,numc-1);
  for( int i = 0 ; i < nvec ; i++ ) lbls(i) = dist(gen);
  Mat weight(ndim,numc);
  //-- 球面クラスタリングのための入力ベクトル spX の正規化 --
  for( int i = 0 ; i < nvec ; i++ ){
```

8.2 文書データのクラスタリング

```
43        double sum = 0;
44        for( SparseMatrix<double>::InnerIterator it(spX,i);it; ++it )
45          sum += it.value()*it.value();
46        if( sum != 0 ) sum = 1.0 / sqrt(sum);
47        for( SparseMatrix<double>::InnerIterator it(spX,i);it; ++it )
48          spX.coeffRef(it.row(),i) *= sum;
49      }
50      //-- spK-means --
51      int ic = 0;
52      int maxCycle = 100;
53      double Cosw, Cosq;
54      do{
55        Cosw = updateWeightCos( spX, lbls, weight );
56        Cosq = updateLabelCos( spX, lbls, weight );
57        ic++;
58        cerr << "ic=" <<ic << ", Cosw=" <<Cosw << ", Cosq=" <<Cosq << endl;
59      }while( ic < maxCycle && Cosw != Cosq );
60      cout << lbls + Veci::Ones(nvec) << endl;
61    }
```

球面 k-means の実行は，データ，クラスタ数，乱数シードを引数にして，

```
$ ./spK-means 20ng.dat 20 0 > 20ng_spKResult.dat
ic=1, Cosw=0.582571, Cosq=0.58588
ic=2, Cosw=0.610965, Cosq=0.617509
...
ic=64, Cosw=0.631415, Cosq=0.631415
ic=65, Cosw=0.631415, Cosq=0.631415
```

のように行います．出力はクラスタラベルです．乱数シードを変えると，クラスタ内コサイン類似度 $\cos_W$ が変わります．これが大きいほど，この基準においては優れたクラスタリング結果といえます．上記は，ストップワードを除去していないデータ "20ng.dat" を使いました．ストップワードを除去したデータでも試してください（下記）．

```
$ ./spK-means 20ngNoS.dat 20 0 > 20ngNoS_spKResult.dat
...
ic=96, Cosw=0.239669, Cosq=0.239669
```

$\cos_W$ の値は，除く前の方が大きいのですが，処理対象のデータが異なれば比較はできません．おそらく，これだけではストップワードを除去した効果はあったのか，クラスタリング結果の妥当性を確認する方法はないのか，などの疑問が起こると思います．これらの疑問については，クラスタリング結果の評価の節で答えたいと思います．また，アルゴリズムとして競合学習を使うプログラムについても後述します．

8.2.2 情報理論的クラスタリング

本項では，**情報理論的クラスタリング**（ITC: information-theoretic clustering）[13] を説明します．最初に，すべての入力ベクトル x の要素和を 1 に正規化する（$\sum_m x_m = 1$）ところから始めます．これは，入力ベクトルの値を確率値として扱うためです．そのため，負の値があるようなデータには適用できません（球面クラスタリングにはそのような制約はありません）．

ベクトルの正規化について補足します．球面クラスタリングでは，ベクトルの**長さ**を 1 に正規化するといいました．このベクトル x の**長さ**は，通常 $(x_1^2 + x_2^2 + \cdots + x_M^2)^{1/2}$ という L^2-ノルムを指し，ユークリッドノルムとして知られています．実はこれ以外にもノルムはあり，一般に $(|x_1|^p + |x_2|^p + \cdots + |x_M|^p)^{1/p}$ を L^p-ノルムといいます．今回，「要素和を 1 に正規化する」といいましたが，これは「L^1-ノルムを 1 に正規化する」ともいえます（全要素が非負値の場合）．

説明に先立ち，情報量とエントロピーという概念について示します．まず，確率 p で起こることがわかったとき，得られる**情報量** I を

$$I = -\log_2 p, \tag{8.6}$$

と表します（情報量の単位としてビットを使うときは，対数の底を 2 とします）．ある情報源において，さまざまな事象が確率 $p_m (m = 1, \ldots, M)$ で起こるとき，平均的に得られる情報量（情報量の期待値）をエントロピー H とよび，式では，

$$H = \sum_i^M -p_m \log p_m, \tag{8.7}$$

8.2 文書データのクラスタリング

と書けます．ここで確率 p_m は，確率変数が特徴 m の値を取るときの確率であるとします．情報源を文書と考えれば，m 番目の単語の割合（＝確率）が p_m に相当し，文書や文書集合に対して，確率分布を考えることができます．文書の特徴を表す入力ベクトル $\boldsymbol{x}$ を，要素和が 1 になるように正規化しておくと，x_m は単語 m の確率を表すことになるので，$p_m = x_m$ です．また，同様の関係が，クラスタ C^k に属する確率分布と入力ベクトルについてもいえます．つまり，平均確率分布 Q^k とその個々の確率値 q_m を考えたとき，入力ベクトルの平均 $\boldsymbol{\mu}^k$ の要素である μ_m^k が単語 m の確率を表すので，$q_m^k = \mu_m^k$ がいえます．以下，ベクトルを表に出さずに説明しますが，実際の計算ではベクトルで表された値（p_m は入力ベクトル $\boldsymbol{x}$，q_m は重みベクトル $\boldsymbol{w}$）を使います．

さて，球面クラスタリングのとき，文書の特徴を表す M 次元ベクトル間のコサイン類似度を考えたように，情報理論的クラスタリングでは，確率分布間の距離に似たもの（**ダイバージェンス**といいます）を考えます．今，単語の出現が確率変数の取り得る値であるような確率分布 P と Q を考え，単語 m の割合（＝確率）を p_m, q_m で表すとき，P の Q に対する KL (Kullback-Leibler) ダイバージェンスは，

$$D_{\mathrm{KL}}(P\|Q) = \sum_{m=1}^{M} p_m \log \frac{p_m}{q_m}, \tag{8.8}$$

と書けます．また，確率分布集合 $\{P^i | i = 1, \ldots, N\}$ に対して適用できるように拡張された一般化 JS ダイバージェンスは，

$$D_{\mathrm{JS}}\left(\{P^i | i = 1, \ldots, N\}\right) = \sum_{i}^{N} \pi^i D_{\mathrm{KL}}(P^i \| \bar{P}), \tag{8.9}$$

と表せます [13]．ここで，π^i は確率分布 P^i が選択される確率，$\bar{P}$ は P^i の平均確率分布 $\sum \pi^i P^i$ です．

ダイバージェンスは距離とは異なり（数学的な意味で），対称性がありません．したがって，$D_{\mathrm{KL}}(P\|Q) \neq D_{\mathrm{KL}}(Q\|P)$ です．このように，多少扱いが難しいダイバージェンスですが，平方和やコサイン類似度と同様にクラスタリング基準として使うことができます．今，N 個の文書についての確率分布 $P^i (i = 1, \ldots, N)$ があり，そのうち，クラスタ $C^k (k = 1, \ldots, K)$ に属する確率

分布の平均確率分布 Q^k に対する KL ダイバージェンスの平均は，

$$D_{\mathrm{JS}}\left(\{P^i | P^i \in C^k\}\right) = \frac{1}{N_k} \sum_{P^i \in C^k} D_{\mathrm{KL}}(P^i \| Q^k), \tag{8.10}$$

と表せます．ここで，N_k（クラスタサイズ）は，クラスタ C^k に属する確率分布数（＝文書数）で $P^i \in C^k$ は，"クラスタ C^k に属する P^i すべてについて"という意味です．前述の定義より，JS ダイバージェンスとしても表せます．これを，すべてのクラスタについて，クラスタサイズ N_k の重み付き平均をとったものが，**クラスタ内 JS ダイバージェンス**であり，**情報理論的クラスタリング**が最小化すべき基準になります．式で書くと

$$JS_W = \sum_{k=1}^{K} \frac{N_k}{N} D_{\mathrm{JS}}\left(\{P^i | P^i \in C^k\}\right), \tag{8.11}$$

$$= \frac{1}{N} \sum_{k=1}^{K} \sum_{P^i \in C^k} D_{\mathrm{KL}}(P^i \| Q^k), \tag{8.12}$$

$$= \frac{1}{N} \sum_{k=1}^{K} \sum_{P^i \in C^k} \sum_{m=1}^{M} p_m^i \log \frac{p_m^i}{q_m^k}, \tag{8.13}$$

となります．同様にして，クラスタ間 JS ダイバージェンス JS_B と全 JS ダイバージェンス JS_T も定義でき，

$$JS_B = D_{\mathrm{JS}}\left(\{Q^k | k = 1, \ldots, K\}\right), \tag{8.14}$$

$$JS_T = D_{\mathrm{JS}}\left(\{P^i | i = 1, \ldots, N\}\right), \tag{8.15}$$

と書けます．また，

$$JS_T = JS_W + JS_B, \tag{8.16}$$

の関係が成り立ちます [13]．全 JS ダイバージェンス JS_T はクラスタリングによらないので，JS_W の最小化はクラスタ間 JS ダイバージェンス JS_B の最大化でもあります．これらの式と議論は，平方和最小基準クラスタリングにおける関係（式 3.9 参照）と似ています．

もう 1 つ重要な性質があります．クラスタ内 JS ダイバージェンスは式 8.12 より，ある確率分布 P^i の平均確率分布 Q^k（属するクラスタの）に対する KL ダイバージェンスをなるべく小さくする，と読むことができます．この式は，

8.2 文書データのクラスタリング

$$D_{\mathrm{KL}}(P^i \| Q^k) = \sum_{m=1}^{M} p_m^i \log \frac{p_m^i}{q_m^k},$$

$$= \left(\sum_{m=1}^{M} -p_m^i \log q_m^k\right) - \left(\sum_{m=1}^{M} -p_m^i \log p_m^i\right), \quad (8.17)$$

と変形できます．第2項は，確率分布 P^i のエントロピーなので，どのクラスタに属するかに関係なく一定です．したがって，第1項を小さくすることが，KLダイバージェンスを小さくすることになります．第1項は，確率分布 P^i の Q^k に対するクロスエントロピーといいます．この式は，ナイーブベイズ分類器における事後確率の大小関係を決定する量を表した式 5.21（再掲）

$$\log P(C^k) + \sum_{m=1}^{7} x_m \log q_m^k, \quad (8.18)$$

から，事前確率の項 $\log P(C^k)$ を外せば（最尤推定とすれば）同じ形になります．丁寧にいえば，フルーツの種類の数 7 を M と一般化し，各特徴 m（フルーツ）の出現数を表す x_m を総数で正規化して割合，すなわち確率値 p_m にしても大小関係は変わらないので，ナイーブベイズ分類器は，

$$\sum_{m=1}^{M} p_m \log q_m^k, \quad (8.19)$$

を最大化するクラス C^k へ分類します．符号を考慮すれば，前述のクロスエントロピーが最小となるクラス C^k へ分類することと同じになります[*3]．以上の議論から，**情報理論的クラスタリングは，教師あり学習（分類）のナイーブベイズ分類器の考え方を，教師なし学習に取り入れた方法**ともいえるのです．

さらに，式 8.17 や $\sum_{P^i \in C^k} p_m = N_k q_m^k$ という関係を使うと，式 8.11 は，

$$JS_W = \frac{1}{N} \sum_{k=1}^{K} N_k \sum_{m=1}^{M} -q_m^k \log q_m^k - \left(\frac{1}{N} \sum_{i=1}^{N} \sum_{m=1}^{M} -p_m^i \log p_m^i\right), \quad (8.20)$$

と変形できます．第2項はクラスタリングによらないので，JS_W の最小化は，第1項のクラスタ内エントロピーの加重平均の最小化によります．つまり，**ク**

[*3] 対数の底の違いは，対数の値が定数倍になるだけなので，大小関係には影響しません．

ラスタの平均確率分布のエントロピーを小さくすることが，**情報理論的クラスタリングの目指すところ**ともいえます．エントロピーを小さくするといってもピンと来ないかもしれません．**図 8.2** を使い，球面クラスタリング（コサイン類似度最大基準）と対比しながら，その意味について説明します．図において，左側があるクラスタに属する入力ベクトル（入力確率分布）P^i を表し，右側が平均ベクトル（平均確率分布）Q^k を表します．(a) のコサイン類似度基準（球面）クラスタリングでは，クラスタの平均分布 Q とのコサイン類似度が大きくなるようにクラスタが形成されます．コサイン類似度（＝内積）を大きくするには，頻度が高い要素を一致させることが効きますので，**どの文書でも出現頻度が高い共通の単語がある**という傾向があります．一方，(b) エントロピー最小基準（情報理論的）クラスタリングでは，平均確率分布のエントロピーが小さくなるようにクラスタが形成されます．このエントロピーが小さくなるということは，**分布の広がりが少なく，コンパクトな分布形状になる**ことで，文書の特徴でいえば，**クラスタ内に属する文書で使われる単語の種類が少なくなる**ことです．

(a) コサイン類似度基準クラスタリングのときの平均分布

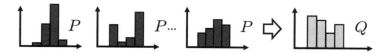

(b) エントロピー最小基準（情報理論的）クラスタリングのときの平均確率分布

図 8.2．クラスタリング基準とクラスタの平均（確率）分布

情報理論的クラスタリング（ITC）を行うには式 8.12 より，平方和やコサイン類似度の代わりに KL ダイバージェンスにより重みベクトル（が表す確率分布）との近さを測れば良いことになります．この考え方に基づき，文献 [13] は k-means タイプのアルゴリズムを示しました．しかし，KL ダイバージェンスの算出では式 8.8 において，$p_m \neq 0$ かつ $q_m = 0$ のときに $\log p_m/q_m$ が計算できません．これは，ナイーブベイズ分類器（5.3 節）でも紹介した**ゼロ頻度問題**で

8.2 文書データのクラスタリング

す．本書では，この問題を回避するために，KL ダイバージェンスの近似である skew ダイバージェンス [27]

$$s_\alpha(P,Q) = \mathrm{KL}(P\|\alpha Q + (1-\alpha)P), \tag{8.21}$$

を使います [45]．ここで，α は確率分布の混合比を表すパラメータです．クラスタリングを行うソースコードを sdK-means.cpp として示します．Makefile は，球面クラスタリングの節で示したものを参考にしてください．

コード 8.5. skew ダイバージェンス k-means アルゴリズム sdK-means.cpp

```
1  // sdK-means.cpp
   ............中略............
41    //-- ITC のための入力ベクトル spX の正規化 --
42    for( int i = 0 ; i < nvec ; i++ ){
43      double sum = 0;
44      for( SparseMatrix<double>::InnerIterator it(spX,i);it; ++it )
45        sum += it.value();
46      if( sum != 0 ) sum = 1.0 / sum;
47      for( SparseMatrix<double>::InnerIterator it(spX,i);it; ++it )
48        spX.coeffRef(it.row(),i) *= sum;
49    }
50    //-- sdK-means --
51    double a = stod( argv[4] );   // alpha
52    int maxCycle = 100;
53    double curEntropy=updateWeightEntropy(spX,lbls,weight), prevEntropy;
54    for( int j = 0 ; j < 5 ; j++ ){
55      int ic = 0;
56      do{
57        prevEntropy = curEntropy;
58        updateLabelEntropy( spX, lbls, weight, a );
59        curEntropy = updateWeightEntropy( spX, lbls, weight );
60        ic++;
61        cerr << "ic= " << ic << ", Entropy = " << curEntropy << endl;
62      }while(ic < maxCycle && (prevEntropy-curEntropy)/curEntropy > 1e-8);
63      a = 1.0 - (1.0 - a) * 0.1;
64    }
65    cout << lbls + Veci::Ones(nvec) << endl;
66  }
```

ここで，ソースコードについて補足します．ソースコードの 40 行目までは spK-means.cpp と同じです．球面 k-means アルゴリズムとの主な違いは，正規化方法，ラベル更新方法，および重みベクトルの更新方法です．また，球面 k-means アルゴリズムの場合には，クラスタリングの評価値 $\cos_W$ とベクトル量子化の評価値 $\cos_Q$ の一致を局所最適解への収束条件として使っていましたが，今回は**近似が入るので，この方法は使えません．そこで，「クラスタ内エントロピーの改善率が 1e-8 以下になる」**という一般的な収束条件を使います．

skew ダイバージェンス k-means の実行は，データ，クラスタ数，乱数シード，および skew ダイバージェンスのパラメータ α を引数にして，

```
$ ./sdK-means 20ng.dat 20 0 0.99 > 20ng_sdKResult.dat
ic= 1, Entropy = 10.5337
ic= 2, Entropy = 10.3969
...
ic= 28, Entropy = 10.1851
ic= 1, Entropy = 10.1813
...
ic= 1, Entropy = 10.1801
```

のように行います．出力はクラスタラベルです．このアルゴリズムでは skew ダイバージェンスのパラメータ α を段階的に 1 に近づけています．最初は $1 - \alpha$ を大きくすることで頻度が少ないデータからの影響を軽減し，徐々に $1 - \alpha$ を小さくすることで本来あるべき KL ダイバージェンスに近づけているのです．

ストップワードを含まない場合の実行例は

```
$ ./sdK-means 20ngNoS.dat 20 0 0.99 > 20ngNoS_sdKResult.dat
ic= 1, Entropy = 11.7207
```

となり，エントロピーは大きくなっています．しかし，ストップワードありの場合とは処理対象のデータが異なるので，この値では優劣を比較できません．

クイズ：skew ダイバージェンスとゼロ頻度問題の回避

skew ダイバージェンスを使うと，なぜゼロ頻度問題を回避できるのか？[*4]

[*4] $p_m \neq 0$ のとき，分母の確率値に $(1 - \alpha)p_m$ が加算されるため，分母が非ゼロとなるから．

8.3 クラスタリングの評価について

8.3.1 クラスタを特徴づける単語の抽出

まず，クラスタリング結果がどのようなものであるかを定性的に知るため，クラスタやカテゴリ（＝クラス）に属する頻出単語を抽出します．そのためのプログラムのソースコードを示します．下記ソースコード countWords.cpp という名前で保存し，実行ファイルを作成してください．このソースコードの 33 行目までは spK-means.cpp や sdK-means.cpp と同じです．

コード 8.6. クラス／クラスタの単語数のカウント countWords.cpp

```
1    // countWords.cpp
     ............ 中略 ............
34   //-- クラスタラベル読み込み
35   string fnameC = argv[2];
36   ifstream ifileC( fnameC );
37   vector<int> vecC;
38   while( getline(ifileC,buf) ) vecC.emplace_back(stoi(buf)-1);
39   vector<string> word;
40   vector<double> freq(ndim,0);
41   //-- 単語 List 読み込み
42   string fnameVoca = argv[3];
43   ifile.open(fnameVoca);
44   while( ifile >> buf ) word.emplace_back(buf);
45   ifile.close();
46   int id = 0;
47   int k = stoi( argv[4] )-1; //-- 注目するクラスタの指定
48   //-- 特定クラスタの単語数のカウント
49   for( int i = 0 ; i < nvec ; i++ )
50     if( vecC[i] == k )
51       for( SparseMatrix<double>::InnerIterator it(spX,i);it; ++it)
52         freq[it.row()] += it.value();
53   for( int m = 0 ; m < ndim ; m++ )
54     cout << word[m] << " " << freq[m] << endl;
55  }
```

実行は，データ，ラベルデータ（カテゴリ／クラスタ），単語リスト，および

クラスタ番号（カテゴリ番号），を引数として行います．出力は，"単語出現頻度"になります．下記では，コマンド "sort -k2 -nr"（第2カラムの出現頻度について，数値でソートし，降順に出力するという意味）によりソートし，さらに "head -n10" により最初の10行を出力させています．

```
./countWords 20ng.dat 20ng.label vocabulary.txt 1 | sort -k2 -nr | head -n10
```

ここでは，クラスタ番号（カテゴリ番号）は1から数えるとします．データ（文書データ）に対応した単語リスト（{20ng.dat, vocabulary.txt} または {20ngNoS.dat, vocabularyNoS.txt}）を指定してください．

上記の引数で実行すると，ストップワードばかりが出力され，クラスやクラスタの特徴は見えてきません（下記）．ここからも，ストップワードを除去する理由がわかると思います．

```
the 11891
of 6874
to 6849
is 5577
that 5070
and 4754
in 4349
it 3622
you 3414
not 2539
```

演習問題 8.2：クラスの頻出単語抽出

ストップワードを除いたデータについて，カテゴリごとの頻出単語を抽出し，表にしなさい．また，対応するニュースグループ名（ダウンロードしたファイル群にある train.map を参照）と見比べて，妥当性を確かめなさい．また，クラスタリング結果を用いて，クラスタの頻出単語を抽出し，意見を述べなさい．

8.3.2 クラスタリングの外部基準による評価

本章では，2つの異なるクラスタリング基準によるクラスタリングを紹介してきました．球面クラスタリングでは，クラスタ内コサイン類似度 $\cos_W$ が最大

8.3 クラスタリングの評価について

化すべき基準（目的関数）であり，情報理論的クラスタリングでは，クラスタ内JS ダイバージェンス JS_W が最小化すべき基準（目的関数）でした．いずれか1つの基準のみを使う場合は，目的関数の値の良し悪しでクラスタリング結果を評価できますが，異なる基準を使った場合のクラスタリング結果同士を比較することはできるのでしょうか？この質問に対する答えは「Yes」です．1つの比較方法は，アプリケーションやサービスにおける役立ち度により評価することです．これがない場合でも，文書が属する文書カテゴリ（より一般的にはクラス）を使う方法があります．文書が属するカテゴリの情報が正しいと仮定すると，クラスタリング結果がこのカテゴリによる分割にどの程度適合するかという**外部基準**が計算でき，これにより結果の良し悪しを評価することができます．ここでは，前述の目的関数の値（こちらが**内部基準**）は関係なくなります．

外部基準として，文献 [32] が示している，純度（purity），Rand Index，F 値，正規化相互情報量（NMI: normalized mutual information）を紹介します．これら基準は，クロス表（**表 8.2**）から計算できます．文書は，カテゴリ（クラス）$A^j (j = 1, \ldots, J)$ のどれかに属し，またクラスタ $C^k (k = 1, \ldots, K)$ のどれかにも属します．表中の数値はクラスタ C^k かつカテゴリ A^j に属する文書数，これを $T(C^k, A^j)$ と書くことにします（クラスタ数 K とカテゴリ数 J は一致しなくても構いません）．

表 8.2. クロス表

クラスタ＼カテゴリ	A^1	A^2	A^3	A^4	合計
C^1	20	0	7	3	30
C^2	1	15	8	2	26
C^3	0	4	6	19	29
合計	21	19	21	24	85

純度（purity）は，クラスタごとにその純度を最大にするカテゴリを割り当て，

割り当てられた文書数の和を全文書数 N で割ることで計算します．式では，

$$\text{purity} = \frac{1}{N} \sum_{k}^{K} \max_{j} T(C^k, A^j), \tag{8.22}$$

と書けます．表 8.2 に当てはめると，

$$\text{purity} = \frac{1}{85}(20 + 15 + 19) \fallingdotseq 0.635, \tag{8.23}$$

となります．純度が 1 になるのは，それぞれのクラスタがいずれか 1 つのカテゴリの文書で独占される場合です．

Rand Index（RI）は，すべての文書ペアについて，同一カテゴリかつ同一クラスタに属する文書数 TP（True-Positive：真陽性），異なるカテゴリに属するが同一クラスタに属する文書数 FP（False-Positive：偽陽性），同じカテゴリに属するが異なるクラスタに属する文書数 FN（False-Negative：偽陰性），異なるカテゴリかつ異なるクラスタに属する文書数 TN（True-Negative：真陰性）を調べ，このうち正しい割り当てである TP+TN の割合です．式では，

$$\text{RI} = \frac{\text{TP} + \text{TN}}{\text{TP} + \text{FP} + \text{FN} + \text{TN}}, \tag{8.24}$$

と書けます．これらは，クロス表（分割表）で表すことができます（**表 8.3**）．

表 8.3. Rand Index 算出のためのクロス表（分割表）

	同一クラスタ	異なるクラスタ	合計
同一カテゴリ	TP	FN	TP+FN
異なるカテゴリ	FP	TN	FP+TN
合計	TP+FP	FN+TN	TP+FP+FN+TN

計算方法は色々ありますが，「異なる」組み合わせの算出は煩雑と考えれば，「同一カテゴリ同一クラスタ」，「同一カテゴリ」，「同一クラスタ」に属する組み合わせと，すべての組み合わせを計算するのが見通しが良いかと思います．表 8.2 に当てはめると

8.3 クラスタリングの評価について

$$TP = {}_{20}C_2 + {}_{7}C_2 + {}_{3}C_2 + {}_{15}C_2 + {}_{8}C_2 + {}_{2}C_2 + {}_{4}C_2 + {}_{6}C_2 + {}_{19}C_2 \tag{8.25}$$

$$TP + FN = {}_{21}C_2 + {}_{19}C_2 + {}_{21}C_2 + {}_{24}C_2 \tag{8.26}$$

$$TP + FP = {}_{30}C_2 + {}_{26}C_2 + {}_{29}C_2 \tag{8.27}$$

$$TP + FN + FP + TN = {}_{85}C_2 \tag{8.28}$$

と書けます．この4つの値から式 8.24 を計算できることがわかると思います．電卓などを使って実際に計算してください（RI ≒ 0.733）．また，精度（Precision），再現率（Recall），それらの調和平均である F 値は，

$$\text{Precision} = \frac{TP}{TP + FP}, \tag{8.29}$$

$$\text{Recall} = \frac{TP}{TP + FN}, \tag{8.30}$$

$$F = \frac{2 \cdot \text{Precision} \cdot \text{Recall}}{\text{Precision} + \text{Recall}}, \tag{8.31}$$

と表せます（F ≒ 0.531）．再現率に大きな重みを与える F 値の算出方法（情報検索においては，一般に再現率が重視されます）もあります [32]．

正規化相互情報量（NMI）は，いくつか定義がありますが，文献 [32] では，

$$\text{NMI} = \frac{I(C; A)}{(H(C) + H(A))/2}, \tag{8.32}$$

と定義しています．ここで，$I(C; A)$ は，クラスタ C とカテゴリ A の相互情報量，$H(C)$ と $H(A)$ はクラスタあるいはカテゴリの出現を確率変数とみたときのエントロピーを表し，それぞれを式で書くと，

$$\begin{aligned} I(C; A) &= \sum_{k=1}^{K} \sum_{j=1}^{J} P(C^k, A^j) \log \frac{P(C^k, A^j)}{P(C^k)P(A^j)} \\ &= \sum_{k=1}^{K} \sum_{j=1}^{J} \frac{T(C^k, A^j)}{N} \log \frac{T(C^k, A^j)N}{T(C^k)T(A^j)}, \end{aligned} \tag{8.33}$$

$$H(C) = \sum_{k=1}^{K} -P(C^k) \log P(C^k) = \sum_{k=1}^{K} -\frac{T(C^k)}{N} \log \frac{T(C^k)}{N}, \tag{8.34}$$

$$H(A) = \sum_{j=1}^{J} -P(A^j) \log P(A^j) = \sum_{j=1}^{J} -\frac{T(A^j)}{N} \log \frac{T(A^j)}{N}, \tag{8.35}$$

となります．ここで，$P()$ は $T()$ を全文書数 N で割って確率にしたものに相当し，カッコの中が複数あれば同時確率，1つであれば周辺確率を表すとします．表 8.2 について計算すると（NMI $\fallingdotseq$ 0.388）となります．

これらのクラスタリングの**外部基準**の値を計算するプログラムのソースコードを evalClustering.cpp として示します．実行は，文書が属するカテゴリを表すラベルデータ（20ng.label）と，クラスタリング結果（spK-means や sdK-means の出力をリダイレクトされたファイル）を引数とします．実行例は，

```
$ ./spK-means 20ng.dat      20 0       > 20ng_spKResult.dat
$ ./spK-means 20ngNoS.dat 20 0         > 20ngNoS_spKResult.dat
$ ./sdK-means 20ng.dat      20 0 0.99 > 20ng_sdKResult.dat
$ ./sdK-means 20ngNoS.dat 20 0 0.99 > 20ngNoS_sdKResult.dat
$ ./evalClustering 20ng.label 20ng_spKResult.dat
purity = 0.145787
RI     = 0.900854
F      = 0.0784014
NMI    = 0.0767151
$ ./evalClustering 20ng.label 20ngNoS_spKResult.dat
purity = 0.361511
RI     = 0.902694
F      = 0.205895
NMI    = 0.330635
$ ./evalClustering 20ng.label 20ng_sdKResult.dat
・・・
$ ./evalClustering 20ng.label 20ngNoS_sdKResult.dat
・・・
```

下記の演習を行うと，「ストップワードを除去した効果はあるのか」，「クラスタリング基準の選択の重要性」などがわかると思います．

演習問題 8.3：クラスタリングの外部基準算出実験と結果の考察 1

2つのデータ（ストップワード除去前，ストップワード除去後）に対して2つの基準によるクラスタリング（球面 k-means と skew ダイバージェンス k-means による）を行い，それぞれの出力を外部基準により評価し，評価実験の結果について考察しなさい．乱数シードは，手動ならば 10 個以上，あるいはプログラミングにより 30 個以上変えて，内部基準と外部基準の結果を整理すること．例えば，付録の B.4.2 を参考にしてください．

8.3 クラスタリングの評価について

コード 8.7. クラスタリングの評価値算出 evalClustering.cpp

```cpp
// evalClustering.cpp
#include <iostream>
#include <fstream>
#include <string>
#include <vector>
#include <algorithm>
#include <Eigen/Dense>
#include <Eigen/Sparse>
#include "commonDoc.h"
using namespace Eigen;
using namespace std;
int main(int argc, char* argv[]){
  string fnameA = argv[1]; // （カテゴリ／クラスラベル）ファイル
  string fnameC = argv[2]; // （クラスタラベル）ファイル
  ifstream ifileA( fnameA );
  ifstream ifileC( fnameC );
  string buf;
  vector<int> vecA,vecC;
  while( getline(ifileA,buf) ) vecA.emplace_back(stoi(buf)-1);
  while( getline(ifileC,buf) ) vecC.emplace_back(stoi(buf)-1);
  ifileA.close();
  ifileC.close();
  int numA = *(max_element(vecA.cbegin(),vecA.cend())) +1; // カテゴリ数
  int numC = *(max_element(vecC.cbegin(),vecC.cend())) +1; // クラスタ数
  double nvec = vecA.size();
  MatrixXd cross = MatrixXd::Zero(numC,numA);
  for( int i = 0 ; i < nvec ; i++ ) cross(vecC[i],vecA[i])++;
  VectorXd crossA = cross.colwise().sum(); // 各カテゴリの文書数
  VectorXd crossC = cross.rowwise().sum(); // 各クラスタの文書数
  //-- purity
  double purity = 0; //「クラスタに属する最大カテゴリの文書数」の和
  for( int k = 0 ; k < numC ; k++ ) purity += cross.row(k).maxCoeff();
  purity /= nvec;
  //-- RI と F
  double TP=0, TPFN=0, TPFP=0, All=0;
  for( int k = 0 ; k < numC ; k++ )
    for( int j = 0 ; j < numA ; j++ )
      TP += cross(k,j) * (cross(k,j)-1) / 2;
  for(int j = 0 ; j < numA ; j++) TPFN += crossA(j)*(crossA(j)-1)/2;
  for(int k = 0 ; k < numC ; k++) TPFP += crossC(k)*(crossC(k)-1)/2;
  All = nvec * (nvec - 1.0) / 2;
  double RI = (All - TPFN - TPFP + 2*TP) / All;
```

```
43      double  F = (TP/TPFN * TP/TPFP)*2.0 / (TP/TPFN + TP/TPFP);
44      //-- NMI
45      double Hc=0, Ha=0, I=0;
46      for( int k = 0 ; k < numC ; k++ )
47        for( int j = 0 ; j < numA ; j++ )
48          if( cross(k,j) != 0 )
49            I +=cross(k,j)/nvec*log2(cross(k,j)*nvec/(crossC(k)*crossA(j)));
50      for( int k = 0 ; k < numC ; k++ )
51        if( crossC(k) != 0 ) Hc -= crossC(k)/nvec * log2(crossC(k)/nvec);
52      for( int j = 0 ; j < numA ; j++ )
53        if( crossA(j) != 0 ) Ha -= crossA(j)/nvec * log2(crossA(j)/nvec);
54      double NMI = I / ((Hc + Ha)/2);
55      //-- 出力
56      cout << "purity = " << purity << endl;
57      cout << "RI     = " << RI << endl;
58      cout << "F      = " << F << endl;
59      cout << "NMI    = " << NMI << endl;
60    }
```

8.3.3 tf-idf について

ここまでの演習を通じて，「**ストップワードを除去することが，外部基準からみて優れたクラスタリングにつながる**」ことが実感できたのではないかと思います．ストップワードは，どの文書にも現れることからノイズと考えて除去したわけですが，それでも多くの文書に出現する単語は残ります．これに対応するため，単語 m を含む文書数を文書頻度 df_m（document frequency）として定義し，逆文書頻度 idf_m を

$$\mathrm{idf}_m = \log \frac{N}{\mathrm{df}_m}, \tag{8.36}$$

として定義します．ここで N は，全文書数です．そして，この idf_m を単語の出現頻度に掛けたものを文書の特徴として使う方法があります．これにより，どの文書にも出現する単語の影響を軽減する効果が期待されます（一方で，単語の出現割合という意味は歪められることになりますが）．ある文書における単語の出現頻度は tf（term frequency）とよばれ，このような重み付けをした特徴を tf-idf といいます．本書では，ここまで tf のみを特徴として使ってきました．

クラスタリングの実験に限れば，使用している文書データの第 3 カラムを tf-idf にすると（第 1 カラムが表す単語に対応する idf_m を，第 3 カラムと掛ければよい），同じプログラムによってクラスタリングを行うことができます．後述の分類問題に適用する際は，パラメータ推定時は tf，分類時は tf-idf を使うなどの工夫が必要です．

8.4 競合学習によるクラスタリング

同じ基準でクラスタリングするとしても，アルゴリズムが異なると結果が異なります．このことは，平方和最小基準クラスタリングのときに経験されていると思います．ここではさらに，**内部基準の良し悪しと，外部基準の良し悪しは連動するのか否か**ということも合わせて確かめていただきたいと思います．ここで競合学習のソースコードとして，球面クラスタリング spCompLearn.cpp と，情報理論的クラスタリング sdCompLearn.cpp を示します．これらは，競合学習の後に，球面 k-means や skew ダイバージェンス k-means アルゴリズムを適用し，局所最適解へ収束させる実用的なコードになっています．49 行目までは，それぞれ spK-means.cpp あるいは sdK-means.cpp と同じです．以前の節で示した Makefile は，これらのコードにも対応しています．

球面競合学習 spCompLearn の実行は，データ，クラスタ数，乱数シード，学習率 γ を引数にして，

```
$ ./spCompLearn 20ng.dat 20 0 0.1 > 20ng_spCLResult.dat
.....
ic=51, Cosw=0.630991, Cosq=0.630991
```

のように行います．出力はクラスタラベルです．

skew ダイバージェンス競合学習 sdCompLearn の実行は，データ，クラスタ数，乱数シード，学習率 γ，および競合学習後に実行する sdK-means で使う skew ダイバージェンスのパラメータ α を引数にして，以下のように実行します．

```
$ ./sdCompLearn 20ng.dat 20 0 0.01 0.999 > 20ng_sdCLResult.dat
.....
ic= 1, Entropy = 10.1507
```

コード 8.8. 球面競合学習 spCompLearn.cpp

```cpp
// spCompLearn.cpp
............中略.............
//-- spCL 競合学習 --
double gma  = stod( argv[4] );
double gma2 = 1 - gma;
updateWeightCos( spX, lbls, weight );
uniform_int_distribution<int> dist2(0, nvec-1);  // 入力ベクトル選択用
int maxCycle = 500000;                           // 繰り返し回数設定
for( int ic = 0 ; ic < maxCycle ; ic++ ){
  if( ic % 100000 == 0 ) cerr << "ic=" << ic << endl;
  int iVec = dist2(gen);                         // 入力ベクトル選択
  int kWin = -1;                                 // 勝者ベクトル添字
  double maxC = -10;       //-- 最大 Cos の初期化（取り得ない小さな値）
  for( int k = 0 ; k < numc ; k++ ){             // 勝者の探索
    double cos = 0;        //-- Cos 計算用の変数
    for( SparseMatrix<double>::InnerIterator it(spX,iVec);it; ++it )
      cos += weight(it.row(),k) * it.value();
    if( cos > maxC ){      //-- もし「最大 Cos」の候補より大きいなら
      maxC = cos;          //-- 「最大 Cos」の候補の更新
      kWin = k;            //-- クラスタラベル候補の更新
    }
  }
  weight.col(kWin) *= gma2;
  for( SparseMatrix<double>::InnerIterator it(spX,iVec);it; ++it )
    weight(it.row(),kWin) += gma * it.value();
  double norm = weight.col(kWin).norm();
  if( norm != 0.0 ) weight.col(kWin) /= norm;
}
updateLabelCos( spX, lbls, weight );
//-- spK-means --
int ic = 0;
maxCycle = 100;
double Cosw, Cosq;
do{
  Cosw = updateWeightCos( spX, lbls, weight );
  Cosq = updateLabelCos( spX, lbls, weight );
  ic++;
  cerr << "ic=" <<ic << ", Cosw=" <<Cosw << ", Cosq=" <<Cosq << endl;
}while( ic < maxCycle && Cosw != Cosq );
cout << lbls + VectorXi::Ones(nvec) << endl;
}
```

8.4 競合学習によるクラスタリング

コード 8.9. skew ダイバージェン競合学習 sdCompLearn.cpp

```cpp
// sdCompLearn.cpp
.............中略...............
//-- sdCL 競合学習 --
double  gma = stod( argv[4] );
double  a = 1.0 - gma; //alpha
double  a2 = 1.0 - a;
double  gma2 = 1.0 - gma;
updateWeightEntropy( spX, lbls, weight );
uniform_int_distribution<int> dist2(0, nvec-1);   // 入力ベクトル選択用
int maxCycle = 1000000;                            // 繰り返し回数設定
for( int ic = 0 ; ic < maxCycle ; ic++ ){
  if( ic % 100000 == 0 ) cerr << "ic=" << ic << endl;
  int iVec = dist2(gen);                           // 入力ベクトル選択
  int kWin = -1;                                   // 勝者ベクトル添字
  double minE = std::numeric_limits<double>::max(); //最小距離初期化
  for( int k = 0 ; k < numc ; k++ ){               // 勝者の探索
    double sKL = 0;          //-- skew(KL)Div. 計算用の変数
    for( SparseMatrix<double>::InnerIterator it(spX,iVec);it; ++it ){
      double tmp = a*weight(it.row(),k) + a2*it.value();
      sKL -= it.value() * log2(tmp);
    }
    if( sKL < minE ){        //-- もし「最小距離」の候補より小さいなら
      minE = sKL;            //--  「最小距離」の候補の更新
      kWin = k;              //--  クラスタラベル候補の更新
    }
  }
  weight.col(kWin) *= gma2;
  for( SparseMatrix<double>::InnerIterator it(spX,iVec);it; ++it )
    weight(it.row(),kWin) += gma * it.value();
}
//-- sd-Kmeans
a = stod( argv[5] );
maxCycle = 100;
double curEntropy=100, prevEntropy;
for( int j = 0 ; j < 5 ; j++ ){
  int ic = 0;
  do{
    prevEntropy = curEntropy;
    updateLabelEntropy( spX, lbls, weight, a );
    curEntropy  = updateWeightEntropy( spX, lbls, weight );
    ic++;
    cerr << "ic= " << ic << ", Entropy = " << curEntropy << endl;
```

```
        }while(ic < maxCycle && (prevEntropy-curEntropy)/curEntropy > 1e-8);
        a = 1.0 - (1.0 - a) * 0.1;
    }
    cout << lbls + VectorXi::Ones(nvec) << endl;
}
```

ソースコードについて補足します．sdCompLearn.cpp において，競合学習部分における skew ダイバージェンス用のパラメータ α を引数で指定しません．この α は，学習率 γ より $\alpha = 1 - \gamma$（プログラム中では a = 1 - gma）として求めています．これは，アルゴリズムが下記の考え方に基づくからです．

競合学習（3.6 節参照）は，「ランダムに選んだ入力ベクトルに関する量子化誤差（今回は，入力ベクトルの代表ベクトルに対する KL ダイバージェンス）を少しだけ小さくするように代表ベクトルを更新する」というサイクルを繰り返しながら，ベクトル量子化を行うアルゴリズムです．ベクトル量子化とクラスタリングは表裏一体の問題なので，クラスタリングも実現できるわけです．そのフローチャートを示したのが図 8.3 です（一部再掲）．

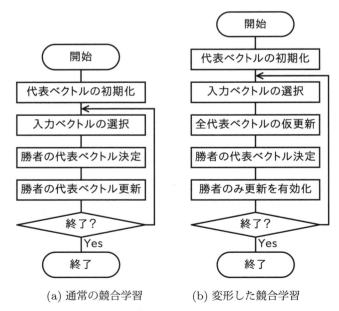

図 8.3. 競合学習アルゴリズムの変形

8.4 競合学習によるクラスタリング

この図において，(a) が図 3.6 で示した**通常**の競合学習アルゴリズムです．選択した入力ベクトルに最も近い代表ベクトルを勝者とし，勝者の代表ベクトルを割合 γ だけ入力ベクトルに近づけることで，誤差（の期待値）を小さくします．情報理論的クラスタリングの場合，入力ベクトルの代表ベクトルに対するKL ダイバージェンス（実際は確率分布とみなして計算する）が最も小さい代表ベクトルが勝者になるべきなのですが，**ゼロ頻度問題**が生じると KL ダイバージェンスが計算できなくなります．そこで，すべての代表ベクトルを割合 γ だけ入力ベクトルに近づけるという**仮更新**を先に行って，更新後の KL ダイバージェンスが最も小さくなる代表ベクトルを勝者とし，その代表ベクトルについての更新のみを有効化とし，他の更新は破棄するとします．このようにすることで，学習の 1 サイクルにおいては，通常の競合学習と同じこと（＝確率的に目的関数を減少させること）が実現できます．実際に，ソースコード 65-67 行目（a は α，a2 は $1-\alpha$ に対応）

```
for( SparseMatrix<double>::InnerIterator it(spX,i);it; ++it ){
  double tmp = a*weight(it.row(),k) + a2*it.value();
  sKL -= it.value() * log2(tmp);
```

では，代表ベクトル（＝重みベクトル）$\boldsymbol{w}$ を

$$\boldsymbol{w} \leftarrow \alpha\boldsymbol{w} + (1-\alpha)\boldsymbol{x}, \tag{8.37}$$

により更新してから，KL ダイバージェンスを計算しています．これは，クラスタの確率分布 Q を入力ベクトルが表す確率分布 P を使って

$$Q \leftarrow \alpha Q + (1-\alpha)P \tag{8.38}$$

と変換し，KL ダイバージェンスを計算する（式 8.8 参照）ことに対応します．この代表ベクトルの変換は，競合学習における勝者の代表ベクトル（＝重みベクトル）の更新

$$\boldsymbol{w} \leftarrow (1-\gamma)\boldsymbol{w} + \gamma\boldsymbol{x}, \tag{8.39}$$

と対応させると，$\alpha = 1 - \gamma$ という関係になることがわかります．

本節で示した競合学習によるクラスタリングの結果は，c++ コンパイラのバージョンの違いなどにより，少し変わります．それでも情報理論的クラスタリング sdCompLearn の外部基準による評価が高いという傾向は変わりません．

演習問題 8.4：クラスタリングの外部基準算出実験と結果の考察 2

2つのデータ（ストップワード除去前，ストップワード除去後）に対する，2つの基準（球面クラスタリングと情報理論的クラスタリング）と2つのアルゴリズム（k-meansと競合学習）の組み合わせによるクラスタリング実験（乱数シードをいくつも変えて）を行い，外部基準や内部基準の値を求めて解析し，そこからわかることをまとめなさい．

8.5　トピックモデルによる解析

これまでは，入力ベクトルが1つのクラスタに属するとする，**ハードクラスタリング**の技術を紹介しました．本節では，入力ベクトルがさまざまなクラスタに属すると考える**ソフトクラスタリング**関連の技術を扱います．

ソフトクラスタリングの中で特に重要と考えるのは，入力ベクトルを生成する確率モデルを拡張した**トピックモデル** [6, 22] です．

最初に，**トピック**という概念を導入します．ハードクラスタリングでは，入力ベクトルをどれか1つの**クラスタ**へ属させるとしました．トピックモデルでは，1つの入力ベクトルが複数のクラスタへ属する，あるいは複数の**トピック**（＝クラスタ）の特徴に基づいて生成される，と考えます．そして，ハードクラスタリングではクラスタといっていたものを**トピック**とよびます．ハードクラスタリングにおける文書の生成過程（5.3節参照）とトピックモデルにおける文書の生成過程は，下記のように書けます（「壺」から単語を取り出すという表現を使います．壺からフルーツを取り出すという，フルーツポンチを想像してください）．

■ハードクラスタリングにおける生成過程

1. K 個ある壺（クラスタ）の1つを決定
2. 壺（クラスタ）の単語確率分布に基づいて，単語を1個取り出す
3. 項目2を必要なだけ繰り返す

8.5 トピックモデルによる解析

■トピックモデルにおける生成過程

> 1. K 個ある壺（トピック）のミックス割合（トピック分布）を決定
> 2. 壺をミックス割合（トピック分布）に基づいて選択する
> 3. 壺（トピック）の単語確率分布に基づいて，単語を 1 個取り出す
> 4. 項目 2,3 を必要なだけ繰り返す

2 つの生成過程には，共通点があります．壺から単語を取り出すという生成過程が，どちらも多項分布である点です．このことから，トピックモデルの特別な場合（ハードクラスタリングという制約を付ける）が情報理論的クラスタリングに相当するといえます [44, 49]．この共通性は重要です．トピックモデルが優れた性能を示すのであれば，情報理論的クラスタリングにも同じ良さがあると期待できるからです．少し補足します．トピックモデルでは、単語の出現を等しい重みで見ます．そのため，単語数が多い文書は、少ない文書よりも重きを置くことになります．一方，情報理論的クラスタリングでは，すべての文書を等しい重みで見ます．この違いを除けば，両者はとても近いモデルになります．

トピックモデルを使うメリットは，1 文書内に複数のトピックが混ざっていることを表現できる点です．また，クラスタにおける単語確率分布よりも，トピックにおける単語確率分布の方が，特徴的（純度が高い）になると期待できます．

8.5.1 トピックモデルの目的関数

トピックモデルのグラフィカルモデルを**図 8.4** に示します．ここではトピック $k(k = 1, \ldots, K)$ と入力ベクトル（例えば文書）$i(i = 1, \ldots, N)$ があり，すべての入力ベクトルが含む特徴の総数は M 種類あるとします．なお，入力ベクトルとは処理対象のデータであり，観測値といえます．さて，各トピック k は特徴分布 $\phi^k = \{\phi_1^k, \ldots, \phi_m^k, \ldots, \phi_M^k\}$ を持ち，各入力ベクトル i はトピック分布 $\theta^i = \{\theta_1^i, \ldots, \theta_k^i, \ldots, \theta_K^i\}$ を持つものとします．入力ベクトル i ごとに，トピック分布 θ^i に基づいてトピック z が割り当てられ，特徴分布 ϕ^z に基づき，具体的な特徴である w（文書の場合は単語）が繰り返し生成されます（繰り返しの回数を t^i とします）．第 i 番目の入力ベクトルについて観測された特徴 w を集めて

m 番目 ($m = 1, \ldots, M$) の特徴の頻度を w_m^i とするとき，$\boldsymbol{x}^i = (w_1^i, \ldots, w_M^i)$ を観測値ベクトル（＝入力ベクトル）とします．結果として，i 番目の入力ベクトルの l^1 ノルムである $\sum_m |x_m^i|$ は t^i に等しくなります．$\boldsymbol{\alpha}$ と $\boldsymbol{\beta}$ は，それぞれトピック分布 $\boldsymbol{\theta}$ および特徴分布 $\boldsymbol{\phi}$ の事前確率分布（ここでは一様ディリクレ分布とします）に関するハイパーパラメータです．

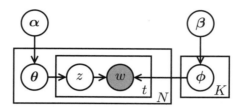

図 8.4. トピックモデルのグラフィカルモデル

一般に特徴分布 ϕ^k とトピック分布 θ^i は未知であり，観測された特徴 $\boldsymbol{x}^i$ に基づいて推定する必要があります．最も基本的な方法は最尤推定によるものです．トピックモデルでは，特徴 $\boldsymbol{x}^i$ と $\boldsymbol{x}^j (i \neq j)$ は互いに独立と仮定します．このとき，すべての観測値ベクトル（＝入力ベクトル）$\mathcal{X} = \{\boldsymbol{x}^1, \ldots, \boldsymbol{x}^N\}$ の同時確率分布は，多項分布により

$$\prod_{i=1}^N A^i \prod_{m=1}^M \left(\sum_{k=1}^K \theta_k^i \phi_m^k \right)^{x_m^i}, \tag{8.40}$$

と表すことができます．ここで A^i は，観測された特徴の組み合わせ数です．式 8.40 の対数を取ると，下式が得られます．

$$\sum_{i=1}^N \log A^i + \sum_{i=1}^N \sum_{m=1}^M x_m^i \log \left(\sum_{k=1}^K \theta_k^i \phi_m^k \right). \tag{8.41}$$

第 1 項は，$\mathcal{X}$ に対して一定ですから，第 2 項がモデルのパラメータ推定において最大化すべき目的関数になります．参考として，推定したパラメータ（解）の多様性に関する研究があります [46, 47, 49]．なお，トピックモデルの研究分野ではこの目的関数と等価なパープレキシティ（下記）が用いられます．

$$\exp \left(\frac{-\sum_i^N \sum_m^M x_m^i \log \left(\sum_k^K \theta_k^i \phi_m^k \right)}{\sum_i^N \sum_m^M x_m^i} \right). \tag{8.42}$$

8.5 トピックモデルによる解析

8.5.2 パラメータ推定方法

モデルパラメータ推定方法はいくつかありますが，ここでは PLSA における MAP 推定 [8][*5]を紹介します．また，一般にはハイパーパラメータも推定対象ですが，以下ではその値を既知として与えることとします．

MAP 推定における更新の式は，文献 [4] より，

$$\hat{\phi}_m^k = \frac{\eta_m^k + \beta - 1}{\sum_{m'} \eta_{m'}^k + M(\beta - 1)}, \qquad (8.43)$$

$$\hat{\theta}_k^i = \frac{\eta_k^i + \alpha - 1}{\sum_{k'} \eta_{k'}^i + K(\alpha - 1)}, \qquad (8.44)$$

と書けます（$\hat{\phi}_m^k, \hat{\theta}_k^i$ が推定値）．ここで，η_m^k は k 番目のトピックにおいて特徴 m が出現する回数，η_k^i は i 番目のデータにおいてトピック k が割り当てられる回数に相当し，負担率 ρ_{imk} を用いて下式で算出します．

$$\rho_{imk} = \frac{\theta_k^i \phi_m^k}{\sum_{k'} \theta_{k'}^i \phi_m^{k'}}, \qquad (8.45)$$

$$\eta_m^k = \sum_i x_m^i \rho_{imk}, \qquad (8.46)$$

$$\eta_k^i = \sum_m x_m^i \rho_{imk}. \qquad (8.47)$$

参考までに，文献 [44] は，情報理論的クラスタリングの結果を利用した初期値設定により性能が向上することを明らかにしました．本書では，乱数による初期値設定を用いるプログラムのソースコードを次ページ以降に示します．

実行例は下記（数分掛かります）です．ハイパーパラメータ α と β の値として，$\alpha = 1.01$ と $\beta = 1.1$ を与えています．推定したパラメータである $\hat{\theta}_k^i$ と $\hat{\phi}_m^k$ を，それぞれ Theta.dat と Phi.dat に出力しています．

```
$ ./mapTopicModel 20ngNoS.dat 1.01 1.1 20 0 Theta.dat Phi.dat
$ perplexity = 3565.09
```

[*5] 一般に PLSA は最尤推定を指します．Bayesian LSA あるいは Bayesian PLSA 法とよばれる方法を用います．

コード 8.10. トピックモデル推定プログラム mapTopicModel.cpp

```cpp
// mapTopicModel.cpp
#include <iostream>
#include <fstream>
#include <string>
#include <vector>
#include <sstream>
#include <random>
#include <Eigen/Dense>
#include <Eigen/Sparse>
using namespace Eigen;
using namespace std;
int main(int argc, char* argv[]){
  string   fname = argv[1];            // 処理対象の文書ファイル
  ifstream ifile( fname );
  double   alpha = stod(argv[2]);      // パラメータ $\alpha$
  double   beta  = stod(argv[3]);      // パラメータ $\beta$
  int      numc  = stoi(argv[4]);      // トピック数
  int      seed  = stoi(argv[5]);      // 乱数の種
  string fTheta = argv[6];   // 推定したモデルパラメータ $\theta$ の出力ファイル
  string fPhi   = argv[7];   // 推定したモデルパラメータ $\varphi$ の出力ファイル
  int nRows = 0, nCols = 0;  // 行数（ndim）と列数（文書数）を表す変数の宣言
  int row, col;
  double val;
  string buf;
  typedef Triplet<double> T;
  vector<T> triplets;
  while( getline(ifile,buf) ){
    istringstream iss(buf);
    iss >> row >> col >> val;
    triplets.emplace_back(T(row-1,col-1,val));
    if( row > nRows ) nRows = row;
    if( col > nCols ) nCols = col;
  }
  ifile.close();
  int ndim = nRows;
  int nvec = nCols;
  SparseMatrix<double> spX(ndim, nvec);
  spX.setFromTriplets(triplets.begin(), triplets.end());
  double B = 0;
  for( int i = 0 ; i < nvec ; i++ )
    for( SparseMatrix<double>::InnerIterator it(spX,i);it; ++it )
      B += it.value();
```

8.5 トピックモデルによる解析

```
43    SparseMatrix<double> spXt = spX.transpose();
44    MatrixXd Ph = MatrixXd::Zero(ndim,numc);   // パラメータφ
45    MatrixXd Th = MatrixXd::Zero(numc,nvec);   // パラメータθ
46    mt19937 gen(seed);
47    uniform_real_distribution<double> dist( 0.001, 1.0 );
48    for( int m = 0 ; m < ndim ; m++ )    // φの乱数による初期化
49      for( int k = 0 ; k < numc ; k++ ) Ph(m,k) = dist(gen);
50    for( int k = 0 ; k < numc ; k++ )    // θの乱数による初期化
51      for( int i = 0 ; i < nvec ; i++ ) Th(k,i) = dist(gen);
52    //-- パラメータ推定
53    for( int ic = 0 ; ic < 500 ; ic++ ){
54      MatrixXd Ph1 = (beta - 1.0 ) * MatrixXd::Ones(ndim,numc);
55      MatrixXd Th1 = (alpha - 1.0) * MatrixXd::Ones(numc,nvec);
56      for( int m = 0 ; m < ndim ; m++ )       // φの更新
57        for( SparseMatrix<double>::InnerIterator it(spXt,m);it; ++it ) {
58          double sumQ = Ph.row(m).dot(Th.col(it.row()));
59          for( int k = 0 ; k < numc ; k++ )
60            Ph1(m,k) += it.value() * Ph(m,k)*Th(k,it.row()) / sumQ;
61        }
62      for( int k = 0 ; k < numc ; k++ )  Ph1.col(k) /= Ph1.col(k).sum();
63      for( int i = 0 ; i < nvec ; i++ )       // θの更新
64        for( SparseMatrix<double>::InnerIterator it(spX,i);it; ++it ) {
65          double sumQ = Ph.row(it.row()).dot(Th.col(i));
66          for( int k = 0 ; k < numc ; k++ )
67            Th1(k,i) += it.value() * Ph(it.row(),k) * Th(k,i) / sumQ;
68        }
69      for( int i = 0 ; i < nvec ; i++ ) Th1.col(i) /= Th1.col(i).sum();
70      Ph = Ph1;
71      Th = Th1;
72    }
73    double perplexity = 0.0;
74    for( int i = 0 ; i < nvec ; i++ )
75      for( SparseMatrix<double>::InnerIterator it(spX,i);it; ++it ){
76        double xhat = Ph.row(it.row()).dot(Th.col(it.col()));
77        perplexity += it.value() * log(xhat);
78      }
79    perplexity = exp(-perplexity / B);
80    cout << "perplexity = " << perplexity << endl;
81    ofstream ofileTheta( fTheta );
82    ofstream ofilePhi( fPhi );
83    ofileTheta << Th << endl;
84    ofilePhi   << Ph << endl;
85  }
```

特徴分布（単語の出現頻度）を出力するプログラムと実行例を示します．

コード 8.11. トピックの特徴分布を出力するプログラム wordDist.cpp

```cpp
// wordDist.cpp
#include <iostream>
#include <fstream>
#include <string>
#include <vector>
#include <sstream>
using namespace std;
int main(int argc, char* argv[]){
  string  fname = argv[1];              // 処理対象の文書ファイル
  string buf;
  vector<string> word;
  string fnameVoca = argv[2];
  ifstream ifile(fnameVoca);            // 単語 List 読み込み
  while( ifile >> buf ) word.emplace_back(buf);
  ifile.close();
  int k = stoi(argv[3])-1;              // 注目するトピックの指定
  ifile.open( fname );
  int id = 0;
  while( getline(ifile,buf) ){
    vector<double> freq;
    istringstream iss(buf);
    double d;
    while( iss >> d ) freq.emplace_back(d); // k 番目の頻度を使う
    cout << word[id] << " " << freq[k] * word.size() << endl;
    id++;
  }
}
```

```
./wordDist Phi.dat vocabularyNoS.txt 1 | sort -k2 -nr | head -n10
```

```
writes 367.78
apple 356.849
power 329.02
monitor 309.84
article 272.125
mac 267.892
don 260.938
mhz 236.472
ve 229.6
work 223.014
```

8.6 文書データの分類

ここでは，前節で用意した文書データを，ナイーブベイズ分類器（5.3 節参照）により分類する解析について紹介します．5.3 節では，フルーツポンチという例題を使い，目で容易に確認できるサイズの問題として示しました．ここで示す解析も原理は全く同じですが，少し規模が大きいために値を逐次確認できません．また，分類を行うプログラムの実際のソースコードは，行列演算ライブラリ Eigen を使うことなど細かい点（下記）で 5.3 節のものとは異なります．

まず，**クラスが選択される事前確率を利用しません**．現実の問題においては，この事前確率を利用すべきですが，文書分類手法の比較評価においては，使わない（わからないとする）のが一般的です．もう 1 つが，**単語出現回数のディスカウンティング方法**を変えたことです．5.3.5 項で紹介したように，**ゼロ頻度問題**を回避するため，学習パターンの文書において一度も出現しなかった単語も，補正を行って出現回数に何らかの値をもたせる処理（ディスカウンティング）を行います．5.3.5 項では，**ラプラス法**を紹介しましたが，ここでは現実世界のデータに合うという意味で精度の高い**グッド・チューリング推定法** [24, 9] を使います．文献 [24] が示すように，出現回数 r の補正値 $\hat{r}$ として

$$\hat{r} = (r+1)\frac{N_{r+1}}{N_r}, \tag{8.48}$$

を用います．ここで N_r は，学習データの中に r 回出現した単語の種類数です．導出は文献 [24] を参照してください．単語の出現確率が与えられたとき，r 回単語が出現する事象が起こる確率を二項分布とする仮定（モデル）に基づいていて，文献 [9] が示すように，ラプラス法を含む加算法よりも，現実世界のデータ（AP ニュース・コーパス）に合っています．実装では，r が小さいとき（ここでは 10 未満としました）のときは上記補正を行い，それ以外のときはそのままの値を使うとし，単語の出現確率は，補正後の出現回数を使いました．

ソースコードファイルは，`estParamDoc.cpp` と `classifyDoc.cpp` です．次に実行例を示します．準備として，単語の種類数を控えておいてください．ストップワードを含むデータの場合（`vocaburary.txt` の行数）は 61188，ストップワードを除去したデータの場合（`vocaburaryNoS.txt` の行数）は 60698 で

す．そして，最初にナイーブベイズ分類器で使う生成モデルのパラメータを推定します．各行は，ある単語に関する 20 クラス（＝カテゴリ）における出現確率の自然対数（対数尤度）になっています（5.3.5 項のプログラムでは確率値を出力するようにしていましたが，ここでは対数を事前にとっています）．このためのプログラムは estParamDoc で，文書データ，ラベルデータ，単語の種類数（次元数）を引数として，

```
$ ./estParamDoc 20ngTrain.dat 20ngTrain.label 61188 > param.dat
```

のように実行します．これは，ストップワードを除去していない学習データ（学習パターン）20ngTrain.dat と，そのラベルデータ 20ngTrain.label（真のカテゴリ情報）を使ってパラメータを学習しています．学習したパラメータファイルが param.dat となります．次に，これを使って，テストデータ 20ngTest.dat を分類します．このためのプログラムは，classifyDoc で，パラメータファイルと文書データを引数とし，

```
$ ./classifyDoc param.dat 20ngTest.dat > result.label
```

のように実行すると，result.label に推定したラベルデータが出力されます．真のラベルと一致する数（正解数）は例えば下記で計算できます．

```
$ paste 20ngTest.label result.label | awk '$1==$2' | wc -l
```

8.6 文書データの分類

コード 8.12. パラメータ推定プログラム estParamDoc.cpp

```cpp
// estParamDoc.cpp
#include <iostream>
#include <fstream>
#include <string>
#include <vector>
#include <algorithm>
#include <Eigen/Dense>
#include <Eigen/Sparse>
using namespace Eigen;
using namespace std;
int main(int argc, char* argv[]){
  string fname = argv[1];
  int nRows = stoi( argv[3] );           // 行数（ndim, 単語種類数）
  ifstream ifile( fname );
  int row, col;
  int nCols = 0;                         // 列数（文書数）を表す変数の宣言
  string buf;
  double val;
  typedef Triplet<double> T;
  vector<T> triplets;
  while( getline(ifile,buf) ){
    istringstream iss(buf);
    iss >> row >> col >> val;
    triplets.emplace_back(T(row-1,col-1,val));
    if( col > nCols ) nCols = col;
  }
  ifile.close();
  int ndim = nRows;
  int nvec = nCols;
  SparseMatrix<double> spX(ndim,nvec);
  spX.setFromTriplets(triplets.begin(), triplets.end());
  //-- クラスラベルデータの読み込み．単語出現数（割合）の算出
  string fnameC = argv[2];               // （クラスラベル）ファイル
  ifstream ifileC( fnameC );
  vector<int> vecC;
  while( getline(ifileC,buf) ) vecC.emplace_back(stoi(buf)-1);
  ifileC.close();
  int numc = *(max_element(vecC.cbegin(),vecC.cend())) +1; // クラス数
  MatrixXd Ratio = MatrixXd::Zero(ndim,numc);
  int numR = 10;                         // この値未満の頻度 r を補正する
  for( int i = 0 ; i < nvec ; i++ )
    for( SparseMatrix<double>::InnerIterator it(spX,i);it; ++it )
```

```cpp
43            Ratio(it.row(),vecC[i]) += it.value();
44      for( int k = 0 ; k < numc ; k++ ){
45        VectorXd Nr = VectorXd::Zero(numR+1); // ディスカウンティング begin
46        for( int m = 0 ; m < ndim ; m++ ){
47          int r = Ratio(m,k);
48          if( r <= numR ) Nr(r)++;              // 出現回数 r の単語の種類数算出
49        }
50        for( int m = 0 ; m < ndim ; m++ ){
51          int r = Ratio(m,k);
52          if( r <= numR -1 ) Ratio(m,k) = (r+1)*Nr(r+1)/Nr(r);
53        }                                        // ディスカウンティング end
54        double sum = Ratio.col(k).sum();   // 総単語出現数（補正あり）
55        if( sum != 0 ) Ratio.col(k) /= sum; // 割合（確率）値へ変換
56        for( int m = 0 ; m < ndim ; m++ )
57          Ratio(m,k) = log(Ratio(m,k));     // 対数尤度へ変換
58      }
59      cout << Ratio << endl;
60    }
```

下記は，ストップワード除去前と除去後の文書データについて実行した様子です．正解数はほぼ同じ，率にすると前者は 80.74%，後者は 80.73% です．

```
$ ./estParamDoc 20ngTrain.dat 20ngTrain.label 61188 > param.dat
$ ./classifyDoc param.dat 20ngTest.dat > result.label
$ ./estParamDoc 20ngTrainNoS.dat 20ngTrain.label 60698 > paramNoS.dat
$ ./classifyDoc paramNoS.dat 20ngTestNoS.dat > resultNoS.label
$ paste 20ngTest.label result.label | awk '$1==$2' | wc -l
6060
$ paste 20ngTest.label resultNoS.label | awk '$1==$2' | wc -l
6059
```

演習問題 8.5：文書分類の実験と結果の考察

文書分類の実験を行い，結果を示し，考察しなさい．文書クラスタリングではストップワード除去が外部基準による評価を向上させることに大きく寄与したが，分類では影響が少ないようです（色々なデータで実験して確かめるべきです）．もしこれが正しいとした場合，その理由を考えて回答しなさい．もし可能なら，ラプラス法を使うようにプログラムを変更し，実験を行いなさい．

8.6 文書データの分類

コード 8.13. 文書分類プログラム classifyDoc.cpp

```cpp
// classifyDoc.cpp
#include <iostream>
#include <fstream>
#include <string>
#include <vector>
#include <algorithm>
#include <Eigen/Dense>
#include <Eigen/Sparse>
using namespace Eigen;
using namespace std;
int main(int argc, char* argv[]){
  string fnameLogRatio = argv[1];    // モデルパラメータファイルの読み込み
  string buf;
  vector<double> vec;
  vector<vector<double>> logRatio;
  ifstream ifileLogRatio( fnameLogRatio );
  while( getline(ifileLogRatio, buf) ){
    istringstream iss(buf);
    vector<double> vec;
    string buf2;
    while( iss >> buf2 ) vec.emplace_back(stod(buf2));
    logRatio.emplace_back(vec.begin(),vec.end());
  }
  ifileLogRatio.close();
  int ndim = logRatio.size();        // 次元数 ndim=M（単語種類数）
  int numc = logRatio[0].size();     // クラス数 numc=K
  //-- 文書の読み込み．分類
  string fname = argv[2];
  int nRows = ndim;
  ifstream ifile( fname );
  int row, col;
  int nCols = 0;                     // 列数（文書数）を表す変数の宣言
  double val;
  typedef Triplet<double> T;
  vector<T> triplets;
  while( getline(ifile,buf) ){
    istringstream iss(buf);
    iss >> row >> col >> val;
    if( row <= nRows ){
      triplets.emplace_back(T(row-1,col-1,val));
      if( col > nCols ) nCols = col;
    }
```

```cpp
    }
    ifile.close();
    int nvec = nCols;
    SparseMatrix<double> spX(ndim,nvec);
    spX.setFromTriplets(triplets.begin(), triplets.end());
    VectorXi lbls = VectorXi::Zero(nvec);
    for( int i = 0 ; i < nvec ; i++ ){
      int label = -1;                         // クラスタラベルの仮設定（以下で更新）
      double maxL = -numeric_limits<double>::max();       // 初期値設定
      for( int k = 0 ; k < numc ; k++ ){ // 尤度最大となるクラスkの探索
        double logLike = 0;
        for( SparseMatrix<double>::InnerIterator it(spX,i);it; ++it )
          logLike += it.value() * logRatio[it.row()][k];
        if( logLike > maxL ){               // 尤度最大となるクラスkの更新
          maxL  = logLike;
          label = k;
        }
      }
      lbls(i) = label;
    }
    cout << lbls + VectorXi::Ones(nvec) << endl;
}
```

8.7 文書データ解析のまとめ

　本章では，文書データのクラスタリングと分類について，解析例を紹介しました．どちらも，現実世界でニーズが高い解析と考えます．クラスタリング（トピックモデルによる解析も含む）は，何もないところから最初に行える解析（教師なし学習）であり，データマイニングの取っ掛かりとなるはずです．分類については，ナイーブベイズ分類器以外にも，例えばサポートベクターマシンを使うなど多くの手法が提案されています．その中で，ナイーブベイズ分類器は基本技術であり，ぜひ理解してほしいと思います．またそれだけでなく，精度も悪くありません．解決すべき問題が分類問題であるときは，ナイーブベイズ分類器の結果を手元に持っておくことをお勧めします．

付録 A
演習問題解答例と各種データ

演習問題 2.3：符号検定（片側）で有意水準 5% で有意になる条件の探索

全事例数 n が 10, 100, 1000 の場合について，片側検定のときに有意水準 5% で有意になる（帰無仮説を棄却できる）負事例数 m の最大値は，下表のようになります（R を使うと，両側検定のときの p 値（片側検定のときの 2 倍）が得られ，これを半分にすることで p 値が求まります）．評価が拮抗しているときは，事例数を増やさないと，優劣が確かめられないことがわかります．

表 A.1. 符号検定（片側）で，有意水準 5% で有意になる負事例数 m の最大値

n	m
10	1
100	41
1000	473

演習問題 3.2：ランダムなクラスタリング

本演習の狙いは，ランダムなクラスタリングでは，平方和が小さいという意味で優れた解に到達することが困難であると実感することです．例えば，乱数の種を [0..999] の範囲で変えて，平方和が最小となる解を探索すると，乱数の種が 324 のとき平方和（$J_W = 331165$）という解が求まります（**図 A.1**）．

手作業で可能な探索数（乱数の種を変えての）は 30 個程度でしょう（無理をしないでください）．探索範囲を広げる方法の１つは，**シェルスクリプト**を使うことです．例を示します．乱数の種を [0..999] の範囲でふるには，次のシェルスクリプトを `prac32.sh` という名前で保存してください．

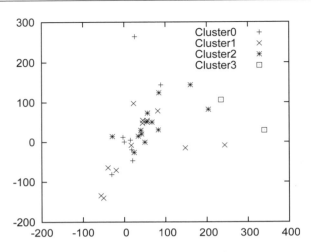

図 A.1. ランダムなクラスタリングの結果例

```
1  for seed in `seq 0 999`
2  do
3    ./randomLabel HokkaidoCities_xy.dat 4 $seed | ./calcJw
4  done
```

ここで，`seq 0 999`の「`」はバッククォート（「Shift-@」で入力）です．シェルスクリプト作成後，下記のように実行すれば，平方和の最小値がわかります．"sort -n" は，数値に基づいてソートするコマンドとオプションです．

```
$ sh prac32.sh | sort -n
331165
335091
344676
.....
```

シェルスクリプトの各行について簡単に解説します．

1行目 変数 seed に [0..999] の値を設定し，for ループを回す（do から done までの範囲が繰り返されます）

3 行目 乱数の種 seed を与えてランダムなラベリング randomLabel と平方和の計算 calcJw を続けて行い，平方和を出力する

演習問題 3.3：k-means によるクラスタリング

回答例を示します．乱数の種と平方和の関係は，筆者が実行したときの組み合わせです（コンパイラ依存）．本演習の狙いは，乱数の種により到達する解が変わることを実感することです．乱数の種は $[0..999]$ の範囲でふりました．

1. HokkaidoCities_xy.dat の 4 分割 $J_W = 100917$（種 $= 7$）
2. HokkaidoTowns_xy.dat の 10 分割 $J_W = 246681$（種 $= 228$）

演習問題 3.4：平方和の性質の証明

平方和の性質（$J_T = J_W + J_B$）の証明を示します．

$$\begin{aligned}
J_W &= \sum_{k=1}^{K} \sum_{\boldsymbol{x}_i \in C^k} \|\boldsymbol{x}_i - \boldsymbol{\mu}_k\|^2 = \sum_{k=1}^{K} \sum_{\boldsymbol{x}_i \in C^k} \left(\|\boldsymbol{x}_i\|^2 - 2\boldsymbol{x}_i \cdot \boldsymbol{\mu}_k + \|\boldsymbol{\mu}_k\|^2 \right), \\
&= \sum_{i=1}^{N} \|\boldsymbol{x}_i\|^2 - 2 \sum_{k=1}^{K} \sum_{\boldsymbol{x}_i \in C^k} \boldsymbol{x}_i \cdot \boldsymbol{\mu}_k + \sum_{k=1}^{K} N_k \|\boldsymbol{\mu}_k\|^2, \\
&= \sum_{i=1}^{N} \|\boldsymbol{x}_i\|^2 - 2 \sum_{k=1}^{K} N_k \|\boldsymbol{\mu}_k\|^2 + \sum_{k=1}^{K} N_k \|\boldsymbol{\mu}_k\|^2, \\
&= \sum_{i=1}^{N} \|\boldsymbol{x}_i\|^2 - \sum_{k=1}^{K} N_k \|\boldsymbol{\mu}_k\|^2,
\end{aligned}$$

と変形でき（$N_k \boldsymbol{\mu}_k = \sum_{\boldsymbol{x}_i \in C^k} \boldsymbol{x}_i$（式 3.2 参照）の関係を使いました），

$$\begin{aligned}
J_B &= \sum_{k=1}^{K} N_k \|\boldsymbol{\mu}_k - \boldsymbol{\mu}\|^2 = \sum_{k=1}^{K} N_k \left(\|\boldsymbol{\mu}_k\|^2 - 2\boldsymbol{\mu}_k \cdot \boldsymbol{\mu} + \|\boldsymbol{\mu}\|^2 \right), \\
&= \sum_{k=1}^{K} N_k \|\boldsymbol{\mu}_k\|^2 - 2\boldsymbol{\mu} \cdot \sum_{k=1}^{K} \sum_{\boldsymbol{x}_i \in C^k} \boldsymbol{x}_i + \sum_{k=1}^{K} N_k \|\boldsymbol{\mu}\|^2, \\
&= \sum_{k=1}^{K} N_k \|\boldsymbol{\mu}_k\|^2 - 2\boldsymbol{\mu} \cdot \sum_{i=1}^{N} \boldsymbol{x}_i + \sum_{i=1}^{N} \|\boldsymbol{\mu}\|^2,
\end{aligned}$$

となります．これらを足し合わせると，

$$J_W + J_B = \sum_{i=1}^{N} \|x_i\|^2 - 2\mu \cdot \sum_{i=1}^{N} x_i + \sum_{i=1}^{N} \|\mu\|^2,$$

$$= \sum_{i=1}^{N} \left(\|x_i\|^2 - 2x_i \cdot \mu + \|\mu\|^2 \right) = \sum_{i=1}^{N} \|x_i - \mu\|^2 = J_T,$$

がいえます．

演習問題 3.5：compLearn によるクラスタリング

最初に，演習問題 3.3 と同様，乱数の種を [0..99] の範囲でふって平方和が小さい解を求めてみます．compLearn に与える学習率 γ は，0.01 としました．

1. HokkaidoCities_xy.dat の 4 分割 $J_W = 100917$（種 = 0）
2. HokkaidoTowns_xy.dat の 10 分割 $J_W = 246051$（種 = 0）

その結果，HokkaidoCities_xy.dat の 4 分割の平方和の最小値は k-means で求めたものと同じですが，HokkaidoTowns_xy.dat の 10 分割では，より小さい平方和になる解が見つかりました（コンパイラに依存します）．

k-means との優劣は，乱数の種を 10 個ほど変えて実験すれば想像できますが，比較には検定を用いるのが適当です．ここでは，compLearn の結果がほぼ最適解ばかりとなる（正規分布を仮定するのが不適当．あるいは仮定するまでもない）ので，乱数の種を [0..99] で変え，同じ初期状態から学習を始めて到達した解の平方和の大小関係のみを比較する符号検定を用います．まず，下記のシェルスクリプトを clustering100.sh というファイル名で保存してください．

```
rm KM4 KM10 CL4 CL10
for seed in `seq 0 99`
do
  ./k-means HokkaidoCities_xy.dat   4 $seed  | ./calcJw >> KM4
  ./k-means HokkaidoTowns_xy.dat   10 $seed  | ./calcJw >> KM10
  ./compLearn HokkaidoCities_xy.dat 4 $seed 0.01 | ./calcJw >> CL4
  ./compLearn HokkaidoTowns_xy.dat 10 $seed 0.01 | ./calcJw >> CL10
done
paste KM4  CL4  | awk '{if($1>$2){a++};if($2>$1){b++}}END{print a,b}'
paste KM10 CL10 | awk '{if($1>$2){a++};if($2>$1){b++}}END{print a,b}'
```

シェルスクリプトの各行について簡単に解説します．

1 結果格納ファイルの消去（古い結果への追記 ">>" 防止）
2 変数 seed に [0..99] の値を設定し，for ループを回す
4-7 乱数の種 seed を与えて各プログラムを実行し，出力のラベル付きデータを calcJw の入力につなぎ，出力（**平方和**）を結果格納ファイルに追記
9-10 結果ファイルを横方向で連結し，値に差がある場合をカウントして出力

シェルスクリプト作成後，下記例のように sh コマンドを使って実行してください．コマンドの後にある "2> /dev/null" は，標準エラー出力を抑制するため（結果評価では，途中経過の確認は不要）なので，省略しても構いません．

```
$ sh clustering100.sh 2> /dev/null
93 3
94 6
```

手元の実験では，上記のように，k-means アルゴリズムによる解の平方和の方が大きいケースが圧倒的に多いという結果でした．符号検定（片側検定）を行います．

- **帰無仮説**：H_0 平方和が小さくなる確率は両手法で同じ
- **対立仮説**：H_1 競合学習の方が平方和が小さい確率が高い

を立てると，クラスタ数 4 のときの全事例数と負事例数が $n = 96, m = 3$，クラスタ数 10 のときは $n = 100, m = 6$ となります．これより求めた p 値は，それぞれ $p\text{-value} = 1.9 \times 10^{-24}$（クラスタ数 4），$p\text{-value} = 1.0 \times 10^{-21}$（クラスタ数 10）となり，有意水準 $\alpha = 0.05$ としたとき，どちらの場合も帰無仮説を棄却でき，「競合学習の方が k-means アルゴリズムよりも，平方和が小さくなる確率が高い」がいえます．ここでは符号検定を用いましたが，評価値が数値で得られる（**量的データ**）場合，通常は t 検定を使うのがよいでしょう．

上記結果は，データ（HokkaidoCities_xy.dat と HokkaidoTowns_xy.dat）に対するものなので，常に競合学習の方が優れるとはいえません．しかし，色々なデータのクラスタリング問題において，競合学習を試す価値はあると考えます．

演習問題 4.1：修正パーセプトロンによる学習

実験の手順例（あくまでも一例です）を示します．いずれも乱数の種を [0..9] と 10 通り変え，学習率を (0.01, 0.05, 0.1, 0.2, 0.3, 0.5) と変えながら実験を行った場合です．実験の様子はこんな感じになるでしょう．（省略あり）

```
1   $ ./compLearn HokkaidoTowns_xy.dat 4 4 0.01 > Hokkaido_xyl.dat
2   QE= 802484, Jw= 801403
3   $ ./modPerceptron Hokkaido_xyl.dat 0 0.1 > Hokkaido_w.dat
4   $ ./modPerceptron Hokkaido_xyl.dat 1 0.1 > Hokkaido_w.dat
5   .....
6   $ ./modPerceptron Hokkaido_xyl.dat 9 0.1 > Hokkaido_w.dat
7   $ ./modPerceptron Hokkaido_xyl.dat 0 0.05 > Hokkaido_w.dat
8   .....
9   $ ./modPerceptron Hokkaido_xyl.dat 0 0.2 > Hokkaido_w.dat
10  .....
11  $ ./modPerceptron Hokkaido_xyl.dat 0 0.01 > Hokkaido_w.dat
12  .....
```

上記実験の詳細について説明し，実験結果を **表 A.2** に示します．

- 1 compLearn で乱数の種 4 を使用し，学習データを作成
- 3- 学習率 0.10 を用い，乱数の種 [0..9] で実験
- 7- 学習率 0.05 を用い，同様に実験
- 9- 学習率 0.20 を用い，同様に実験
- 11- 学習率 0.01 を用い，同様に実験

表 A.2. 修正パーセプトロンの学習率による収束までの学習回数

学習率	収束した回数	平均学習回数
0.01	5	-
0.05	10	63.6
0.10	10	19.7
0.20	10	14.5
0.30	10	46
0.50	0	-

表 A.2 からわかることは以下のようになります．学習率が小さい (0.01) と 5 割の確率で収束せず，学習回数は学習率が 0.20 のときに最も少なくなることがわかります．しかし，学習率を 0.50 まで増やすとまた収束しません (`modPerceptron` では，収束を確認する回では学習が行われていません．ic は 0 からカウントしているので，最後に示された ic の値が学習回数になります)．収束しやすさはデータに依存するため，この結果に普遍性はありませんが，学習率は小さすぎても大きすぎても収束しないことはいえるでしょう．そして収束する場合，学習率をある程度大きくすると早く収束する傾向があることを示唆しています．

演習問題 4.2：重みベクトルの作成

　x 軸に平行な直線でクラスを分割する重みベクトルの例は，x 座標の値が一定な

```
10 15
10 -10
```

であり，y 軸に平行な直線でクラスを分割する重みベクトルは，y 座標の値が一定な

```
15 10
-10 10
```

です．これらを `Hokkaido_w.dat` として保存した場合，分割結果のラベル付きデータの作成，およびグラフの作成は

```
$ ./classify HokkaidoTowns_xy.dat Hokkaido_w.dat > Hokkaido_xyl.dat
$ gnuplot Hokkaido_xylw.plt
```

で行えます (gnuplot 実行時に warning が出ますが描画はできます)．それぞれをグラフ化した結果を，**図 A.2** に示します．

214　付録 A　演習問題解答例と各種データ

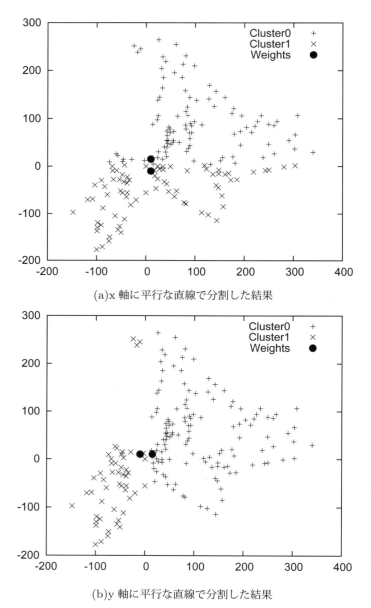

(a) x 軸に平行な直線で分割した結果

(b) y 軸に平行な直線で分割した結果

図 A.2. x 軸，y 軸に平行な直線で分割した結果と重みベクトル

演習問題 5.2
1. $P(A_2) = 0.3$, $P(B_1) = 0.71$ ($0.56 + 0.15 = 0.71$ より).
2. $P(A_2, B_2) = 0.15$, $P(A_2, B_2)$ は「**回答が "女子" かつ "コーヒーを嫌い" と答えている確率**」です.
3. $P(B_2) = P(A_1, B_2) + P(A_2, B_2) = 0.14 + 0.15 = 0.29$.

演習問題 5.3

「**回答が男子からであるときに, コーヒーを好きと答えている確率**」は, 条件付き確率 $P(B_1|A_1)$ で表せ, 定義式に当てはめると,

$$P(B_1|A_1) = \frac{P(A_1, B_1)}{P(A_1)} = \frac{0.56}{0.7} = 0.8, \tag{A.1}$$

のように求められます.

演習問題 5.5：壺の問題 2

各事象を次の記号で表します. A_1：壺 a が選ばれる事象, A_2：壺 b が選ばれる事象, B_1：赤玉が選ばれる事象, B_2：白玉が選ばれる事象, とします. 求める確率は $P(A_1|B_1)$ と表せて, ベイズの定理により,

$$P(A_1|B_1) = \frac{P(A_1)P(B_1|A_1)}{P(B_1)}, \tag{A.2}$$

と書けます. 問題文より, $P(A_1) = 1/2$, $P(B_1|A_1) = 2/5$ です. 周辺確率 $P(B_1)$ は,

$$\begin{aligned}P(B_1) &= P(B_1, A_1) + P(B_1, A_2) \\ &= P(B_1|A_1)P(A_1) + P(B_1|A_2)P(A_2) \\ &= 2/5 \cdot 1/2 + 4/12 \cdot 1/2 = 11/30,\end{aligned} \tag{A.3}$$

により算出できます. これらより,

$$P(A_1|B_1) = \frac{1/2 \cdot 2/5}{11/30} = 6/11, \tag{A.4}$$

となります. 答えは, 6/11 です.

演習問題 5.6：壺の問題 3

各事象を次の記号で表します．A_1：赤い箱が選ばれる事象，A_2：青い箱が選ばれる事象，B_1：りんごが選ばれる事象，B_2：オレンジが選ばれる事象，とします．求める確率は $P(A_2|B_2)$ で表せて，ベイズの定理により，

$$P(A_2|B_2) = \frac{P(A_2)P(B_2|A_2)}{P(B_2)}, \tag{A.5}$$

と書けます．問題文より，$P(A_2) = 3/5$，$P(B_2|A_2) = 1/4$ です．周辺確率 $P(B_2)$ は，

$$\begin{aligned} P(B_2) &= P(B_2, A_1) + P(B_2, A_2) \\ &= P(B_2|A_1)P(A_1) + P(B_2|A_2)P(A_2) \\ &= 6/8 \cdot 2/5 + 1/4 \cdot 3/5 = 9/20, \end{aligned} \tag{A.6}$$

により算出できます．これらより，

$$P(A_2|B_2) = \frac{1/4 \cdot 3/5}{9/20} = 1/3, \tag{A.7}$$

となります．答えは，1/3 です．

演習問題 5.7：電卓による対数事後確率の算出

表 5.2 の各値の自然対数をとった表は，**表 A.3** のようになります．この表を用いて，各ボウルを取り出した壺を推定すると下記のようになります．計算式中，"-1.39" は事前確率 0.25 に対する自然対数の値です．

ボウル 1：マンゴー 3，ナタデココ 2，桃 2，アロエ 3
（下記より，MAP はトロピカルの壺）

- トロピカル：$-1.39 - 0.693 \times 3 - 2.30 \times 2 - 2.30 \times 2 - 1.61 \times 3 = -17.5$
- クラシック：$-1.39 - 3.00 \times 3 - 2.30 \times 2 - 1.20 \times 2 - 3.00 \times 3 = -26.4$
- 山形：$-1.39 - 3.51 \times 3 - 2.30 \times 2 - 1.39 \times 2 - 3.91 \times 3 = -31.0$
- 山梨：$-1.39 - 3.00 \times 3 - 2.30 \times 2 - 1.61 \times 2 - 3.00 \times 3 = -27.2$

ボウル 2：マンゴー 1，ナタデココ 1，ぶどう 2，さくらんぼ 6
（下記より，MAP は山形の壺）

表 A.3. フルーツのブレンド割合（対数尤度）

		壺			
		トロピカル	クラシック	山形	山梨
フルーツ	マンゴー	−0.693	−3.00	−3.51	−3.00
	ナタデココ	−2.30	−2.30	−2.30	−2.30
	いちご	−3.51	−1.20	−3.00	−3.00
	ぶどう	−3.51	−2.30	−1.90	−0.693
	さくらんぼ	−3.22	−2.30	−0.916	−3.00
	桃	−2.30	−1.20	−1.39	−1.61
	アロエ	−1.61	−3.00	−3.91	−3.00

- トロピカル：$-1.39 - 0.693 \times 1 - 2.30 \times 1 - 3.51 \times 2 - 3.22 \times 6 = -30.7$
- クラシック：$-1.39 - 3.00 \times 1 - 2.30 \times 1 - 2.30 \times 2 - 2.30 \times 6 = -25.1$
- 山形：$-1.39 - 3.51 \times 1 - 2.30 \times 1 - 1.90 \times 2 - 0.916 \times 6 = -16.5$
- 山梨：$-1.39 - 3.00 \times 1 - 2.30 \times 1 - 0.693 \times 2 - 3.00 \times 6 = -26.1$

ボウル 3：いちご 1，ぶどう 4，さくらんぼ 1，桃 3，アロエ 1
（下記より，MAP は山梨の壺）

- トロピカル：$-1.39 - 3.51 \times 1 - 3.51 \times 4 - 3.22 \times 1 - 2.30 \times 3 - 1.61 \times 1 = -30.7$
- クラシック：$-1.39 - 1.20 \times 1 - 2.30 \times 4 - 2.30 \times 1 - 1.20 \times 3 - 3.00 \times 1 = -20.7$
- 山形：$-1.39 - 3.00 \times 1 - 1.90 \times 4 - 0.916 \times 1 - 1.39 \times 3 - 3.91 \times 1 = -21.0$
- 山梨：$-1.39 - 3.00 \times 1 - 0.693 \times 4 - 3.00 \times 1 - 1.61 \times 3 - 3.00 \times 1 = -18.0$

演習問題 5.8：プログラムによる対数事後確率の算出

下記は，演習問題 5.7 のフルーツポンチを表すファイルです（順番は変わって良い）．これを `punch.dat` という名前で保存したとします．

```
0 0 0 1 1 5 5 6 6 6
0 1 3 3 4 4 4 4 4
2 3 3 3 3 4 5 5 5 6
```

事前確率を表すファイル priorPot.dat は，すべて同じ確率なので，

```
0.25 0.25 0.25 0.25
```

として保存します．下記コマンドにより，対数事後確率（相当）が計算できます．手動で計算した演習問題 5.7 とほぼ同じ値（まるめ誤差で多少変わります）なのが確認できるはずです．独自に作ったフルーツポンチについても，同様にして punch.dat に追加すると，計算できます．一番右のカラムが示す MAP 推定結果 $\{0, 2, 3\}$ は，それぞれ { トロピカル，山形，山梨 } を表します．

```
$ ./estPot ratioFruits.dat priorPot.dat punch.dat
-17.5044 -26.3738 -31.0198 -27.1847,-1,0
-30.7084 -25.1053 -16.4874 -26.0453,-1,2
-30.6552 -20.7108 -20.9577 -17.9744,-1,3
```

演習問題 5.9：壺推定の正解率の比較実験

例えば，用意されたパラメータ「フルーツの割合 ratioFruits.dat，壺が選択される事前確率 priorPot.dat」，および乱数の種として 0 を用い，ボウルあたりの果物数を変えて 1,000 個のボウルを生成し，正解率（取り出しに使った壺と推定した壺が一致する割合）を求めると次のような表が作成できる．正解率を求めるプログラムは，各自工夫してください．この表から，壺あたりの果物数を増やすと正解率が向上することがわかります．この分析は 1 例です．色々と工夫してみてください．この表で興味深いのは，20 個生成しても，なお 1% 強の間違えがあることです．どの壺同士で間違えが起こったのか，その原因が何なのか，さらに分析してはどうでしょうか？（直感による予想も立ててください）

表 A.4. 壺あたりの果物数と正解率

果物数	5	10	15	20
正解率	0.825	0.936	0.967	0.987

演習問題 5.10：プログラムによるパラメータの推定

実験方法は色々と工夫してください．出題時に示したヒントに基づく実験結果を**表 A.5** に示します．この実験では，ボウル数と果物数（ボウルあたりの果物数）を変えてフルーツポンチを生成し，パラメータを推定したときの推定誤差を RMSE（誤差の 2 乗の平均値の平方根）で評価しました．実験結果から得られることは，下記になるでしょう．まず，パラメータのうち**フルーツの割合**（ratioFruits.dat として与えられていたもの）の推定精度は，**総果物数＝ボウル数×ボウルあたりの果物数**が多いほど高くなります（誤差が小さくなる）．このパラメータの推定は，壺ごとの各果物の総数に基づいていて，数が多いほど本来の割合に近くなります（大数の法則（2 章）より）．表において総果物数が同じ場合の推定精度（例えば 300 × 300 と 3000 × 30）はほぼ同じです．次に，**壺が選択される事前確率**（priorPot.dat として与えられていたもの）の推定精度は，**ボウル数**が多いほど高くなります．高くなる理由は，推定精度が「大数の法則」に従うからです．

表 A.5. パラメータの推定誤差 RMSE（トロピカル壺の事前確率，トロピカル壺のマンゴーの割合）乱数の種を 0 から 99 までの 100 通り変えて実験

ボウル数＼果物数	30	300	3000
30	0.072,0.039	0.068,0.011	0.074,0.0036
300	0.027,0.0095	0.023,0.0036	0.025,0.0012
3000	0.0091,0.0031	0.0081,0.0010	0.0075,0.00032

演習問題 6.1：総平方和と変動行列の対角成分和の比較

例えば，下記のように randomLabel を用いてクラスタ数が 1 のクラスタリングを行って，クラスタ内平方和を算出することで，総平方和 J_T が算出できます．変動行列の対角成分和 $\mathrm{tr}(\boldsymbol{S})$ と等しいことが確認できます．

```
$ ./randomLabel HokkaidoTowns_xy.dat 1 0 | ./calcJw
3.53412e+06
```

演習問題 8.2：クラスの頻出単語抽出

表 A.6 は，ストップワード除去後の文書データについて，各クラス（＝カテゴリ）で出現頻度が高い単語（左の方が頻度が高い）をいくつか列挙したものです．どうでしょうか？ どのクラスにも出てくる単語（article, writes, good, people, god）もありますが，それなりにカテゴリならではの単語が列挙されていると思います[1]．内部基準や外部基準の評価値ばかりを見て文書処理を行うと，クラスやクラスタの特徴を見失うことになりますので，それと対極にある単語抽出も重要であることがわかると思います．**頻出単語の抽出は，文書データの簡単かつ有効な可視化手段**です．

次に，あるクラスタリング結果（sdCompLearn による，あるエントロピーの値が小さい場合の結果）の各クラスタの頻出単語を列挙したものを**表 A.7** に示します．左の列はクラスタ番号を表します．各クラスタに含まれる文書の元のクラスを見ると，ある特定のカテゴリに偏っていることがわかります．**表 A.8** は，行に示された各クラスタにおける，各クラスに属する文書数を列挙したものです．この表の左の列は，表 A.7 のクラスタ番号と同じです．数値は，表 A.6 のクラス（上から順）に対応する文書数を左から順に列挙しています．例えば，1 番目のクラスタには，1 番目のクラスである "alt.atheism" の文書が最も多く（641 文書）あることを表しています．このような対応関係を意識しながら，クラスとクラスタの頻出単語を見ると，似ているのが確認できると思います．一方で，4 番目のクラスタには "comp.sys.ibm.pc.hardware" と "comp.sys.mac.hardware" クラスの文書の両方がほぼ同数入り，19,20 番目のカテゴリには，色々なクラスの文書が混在しているなど，対応がとれていない場合もあります．それぞれなんとなく理由が思い浮かびます（「hardware は IBM も Macintosh も似ている」，「大学名や通信手段などはカテゴリと関係ない」）．

文書クラスタリングは，クラスに囚われず，文書集合に存在する偏りを自動的に発見する，優れた解析手段です．データ集合を見るための新しい視点を示してくれます．もちろん，乱数の種を変えれば結果も変わるため，普遍的ではありません．それでも，人間の判断力と合わせることで，有用な知見が得られます．

---

[1] "don" は，元々"don't" と思われます．本来ならストップワードとして除去されるべき単語です．

表 A.6. 各クラスにおける頻出単語

alt.atheism	god writes people don article atheism religion time
comp.graphics	image graphics jpeg file bit images software data files
comp.os.ms-windows.misc	windows file dos writes article files don ms os problem
comp.sys.ibm.pc.hardware	drive scsi card mb ide system controller bus pc writes
comp.sys.mac.hardware	mac apple writes drive system problem article don mb
comp.windows.x	window file server windows program dos motif sun
misc.forsale	sale shipping offer mail price drive condition dos st
rec.autos	car writes article cars don good engine apr ve people
rec.motorcycles	writes bike article dod don ca apr ve ride good
rec.sport.baseball	writes year article game don team baseball good games
rec.sport.hockey	game team hockey writes play ca don games article
sci.crypt	key encryption government chip writes clipper people
sci.electronics	writes article don power good ve work ground time
sci.med	writes article don people medical health disease time
sci.space	space writes nasa article earth launch don orbit shuttle
soc.religion.christian	god people jesus church don christ writes christian
talk.politics.guns	gun people writes article don guns fbi government fire
talk.politics.mideast	people israel armenian writes turkish jews article
talk.politics.misc	people writes article don president government mr
talk.religion.misc	god writes people jesus article don bible christian good

表 A.7. 各クラスタにおける頻出単語

1	writes god article don people moral religion evidence objective time
2	image graphics jpeg file images ftp data bit format files
3	windows dos file writes system files os don program article
4	drive scsi mb card system writes mac article bit don
5	window file server program motif sun widget display set output
6	sale offer shipping mail price condition st email good interested
7	car writes article cars don engine good ve apr time
8	writes article bike dod don apr ca ve ride good
9	writes year article game don team baseball good games time
10	game team hockey writes play ca don games article year
11	key encryption writes government chip clipper article people keys system
12	db power writes article don ground circuit good time ve
13	writes article medical don people disease health cancer patients time
14	space writes nasa article earth launch don orbit time shuttle
15	god jesus people bible don christ christian writes church christians
16	people writes article gun don government fbi fire guns time
17	israel writes article people israeli jews arab don jewish cramer
18	people armenian turkish armenians don president government war time mr
19	writes article apr georgia state ohio battery university don michael
20	mail list send address information email ca fax university internet

表 A.8. 各クラスタ（行）における，各クラスに属する文書数

1	641	8	6	0	2	3	0	6	3	4	0	0	1	38	8	35	4	8	13	159
2	2	593	48	16	8	82	2	5	2	3	2	18	37	11	20	2	1	2	0	1
3	0	101	729	156	98	64	31	1	0	0	0	9	38	3	3	1	1	0	2	1
4	1	79	75	663	644	23	113	5	3	0	2	4	82	2	3	0	0	1	1	1
5	0	45	33	5	16	702	3	0	0	0	0	5	0	1	3	0	1	0	0	0
6	1	8	4	14	24	3	656	16	16	1	0	1	20	3	1	1	2	0	0	0
7	0	1	2	9	8	3	24	777	49	3	1	0	26	1	2	0	1	1	1	3
8	1	2	0	1	1	2	5	35	885	2	4	0	11	4	4	0	2	2	2	2
9	5	6	3	0	5	4	6	3	5	880	21	1	6	4	1	2	2	3	3	4
10	0	0	1	0	0	0	5	4	3	39	933	0	2	1	1	0	1	2	1	1
11	1	18	3	2	7	11	8	1	1	1	2	896	44	5	4	2	17	9	14	2
12	0	8	1	59	66	1	19	14	1	2	0	9	560	10	9	3	3	0	0	0
13	1	2	0	0	0	0	1	5	1	1	0	0	7	741	3	9	0	0	11	5
14	1	8	6	5	6	4	4	5	0	0	0	0	12	13	843	0	4	1	11	4
15	86	0	1	1	0	0	0	1	0	3	0	1	1	2	4	861	4	9	9	299
16	7	2	2	3	6	1	9	37	6	2	0	15	6	7	9	11	822	4	329	92
17	14	4	1	0	1	1	2	0	0	2	1	4	3	5	5	7	7	515	240	20
18	28	1	0	0	0	0	4	1	1	3	7	2	1	6	6	13	19	363	99	17
19	5	6	7	9	24	10	23	34	5	12	11	5	57	72	17	22	4	16	29	5
20	4	78	41	36	42	68	49	37	12	33	13	19	70	58	39	28	14	4	9	11

演習問題 8.3：クラスタリングの外部基準算出実験と結果の考察 1

20Newsgroups のデータについて，（ストップワードあり／なし）と（球面 k-means／情報理論 k-means）に分けて，それぞれ 30 通りの乱数シードで初期化してクラスタリングを行い，内部評価と外部評価（purity など）の平均を求めるため，例えば下記 work2.sh を作成し，実行 "sh work2.sh" します．

```
rm spK.dat spKn.dat sdK.dat sdKn.dat
for seed in `seq 0 29`
do
  ./spK-means 20ng.dat     20 $seed       > 20ng_spKResult.dat
  ./spK-means 20ngNoS.dat  20 $seed       > 20ngNoS_spKResult.dat
  ./sdK-means 20ng.dat     20 $seed 0.99 > 20ng_sdKResult.dat
  ./sdK-means 20ngNoS.dat  20 $seed 0.99 > 20ngNoS_sdKResult.dat
  ./evalClustering2 20ng.label 20ng_spKResult.dat 20ng.dat >> spK.dat
  ./evalClustering2 20ng.label 20ngNoS_spKResult.dat 20ngNoS.dat >> spKn.dat
  ./evalClustering2 20ng.label 20ng_sdKResult.dat 20ng.dat >> sdK.dat
  ./evalClustering2 20ng.label 20ngNoS_sdKResult.dat 20ngNoS.dat >> sdKn.dat
done
```

前記 work2.sh における evalClustering2 は，付録の B.4.2 に説明があります．内部評価の $\cos_W$ は 1 列目，エントロピーは 2 列目，外部評価の purity は 3 列目なので，それぞれの平均は，下記のような awk コマンドで算出できます．

```
awk '{sum+=$1;n++}END{print sum/n}' spK.dat
awk '{sum+=$2;n++}END{print sum/n}' sdK.dat
awk '{sum+=$3;n++}END{print sum/n}' spK.dat
```

表 A.9（上）は，内部評価の値です．一見するとストップワードありの方が優れるように見えますが，データが違うので比較はできません．また，基準が違う場合も比較できません．表 A.9（下）は，外部評価の値です．この 4 つの値は比較でき，情報理論的クラスタリングである「情報理論 k-means」が優れ，「ストップワードなし」が優れる（purity の平均値が大きい）ことがわかります．

表 A.9．クラスタリング結果の内部評価の平均値（球面は $\cos_W$，情報理論はエントロピー）（上）とクラスタリング結果の外部評価の平均値（purity）（下）

	ストップワードあり	ストップワードなし
球面 k-means	0.632	0.239
情報理論 k-means	10.2	11.7

	ストップワードあり	ストップワードなし
球面 k-means	0.148	0.363
情報理論 k-means	0.483	0.552

演習問題 8.4：クラスタリングの外部基準算出実験と結果の考察 2

実験では，「ストップワードあり／なし」×「球面クラスタリング／情報理論的クラスタリング」×「k-means／競合学習」の全 8 通りの組み合わせについて，それぞれ 100 個乱数シードを変えて実験を行い，内部基準の評価値（クラスタ内コサイン類似度／クラスタ内エントロピー）と外部基準の評価値（純度 purity）を算出しました．図 A.3 は，8 通りの組み合わせによる結果の平均値をプロットしたものです．

実験結果から，次のことがわかります．この図 A.3 において，縦軸は purity，

横軸はコサイン類似度（左側の図）とエントロピー（右側の図）です．"noSw"は「ストップワードなし」を意味します．左右の図とも，（spKM と spCL）および（spKMnoSw と spCLnoSw）の値が近いため，重なって表示されています．この図から，他が同じ条件であれば，いずれの場合もストップワードがない場合（"noSw" が付いている結果）の方が，purity の値が大きくなり，すぐれたクラスタリングが実現できていることがわかります．言い換えれば，**クラスタリングにおいては，ストップワードを除去することで，purity が向上する**といえます．以下，ストップワードを除去した場合のデータに限定して，分析を行います．

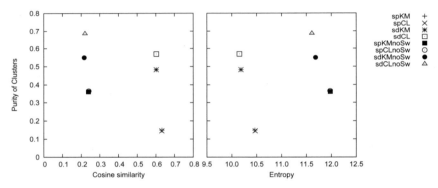

図 A.3. クラスタリングの内部基準に対する外部基準 purity の値（その 1）

図 **A.4** では，図 A.3 と同じ軸を使い，乱数シードを変えて得られた個々の値をそのままプロットしました．左の図は，球面クラスタリングを行う方が，その場合の目的関数であるコサイン類似度が高い結果を得ること，右の図は，情報理論的クラスタリングを行う方が，目的関数（である JS ダイバージェンスと同値）のエントロピーの小さな結果を得ること，を示しており，いずれもそれぞれの内部基準に基づくクラスタリングが行われていることが確認できます．そのうえで，左右の図は，球面クラスタリングよりも情報理論的クラスタリングを行った方が，purity が高くなる傾向を示しています．左の図からは，局所的にコサイン類似度が高いほど purity が高くなるように見える部分もありますが，全体的には，コサイン類似度が高いことが必ずしも purity の高さにつながっているとはいえません．一方，右の図から，局所的にも全体的にも，エントロピー

が小さいほど purity が高くなる様子が見られます．これらのことは，エントロピーを小さくする情報理論的クラスタリングが，purity を向上させることに適することを示唆します．

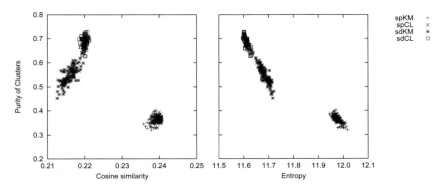

図 A.4. クラスタリングの内部基準に対する外部基準 purity の値（その 2）

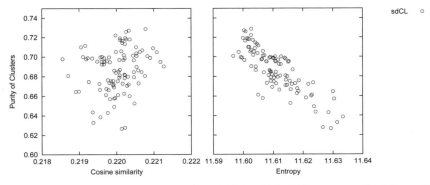

図 A.5. クラスタリングの内部基準に対する外部基準 purity の値（その 3）

　purity が高い情報理論的クラスタリングの中では，競合学習による結果が明らかに k-means タイプのアルゴリズムよりエントロピーが小さく，purity が高くなっています．そこで，細かく調べるため競合学習の結果に限定してプロットしたのが図 A.5 です．左の図では，コサイン類似度と purity の間に相関が見られないのに対し，右の図では，エントロピーと purity に強い負の相関があります（相関係数 -0.86）．このことも，エントロピーを小さくすることが，外部

基準の評価値である purity の向上につながることを示唆します．上記は，ある文書データについての実験結果ですが，文献 [45] では，さまざまな文書データについて，情報理論的クラスタリングが purity などの外部基準の評価値を高くすることが報告されています．

演習問題 8.5：文書分類の実験と結果の考察

　実験結果から，ストップワードによる悪影響はクラスタリングの場合に大きく，分類の場合にはあまりないことがわかります．その理由についての考察を以下に示します．

　ストップワードを含む文書データを，クラスタリングや分類することを考えます．文書クラスタリングにおいては，ストップワードの分布に似たものを，同じクラスタとしてまとめようとする力が働きます．そして，ストップワードは，どの文書にも出現し，かつ出現回数が多いために影響が大きくなります．そのため，カテゴリを特徴づける単語の分布に似たものを，同じクラスタへまとめる力が薄められ，カテゴリとはかけ離れた結果（つまり外部基準の評価値が悪い結果）につながったと考えられます．特に，コサイン類似度に基づく球面クラスタリングにおいて影響が大きく，ストップワードを除去した場合に purity が平均 0.36 であるのに対し，ストップワードを除去しない場合は平均 0.15 と大幅に低下しています．これは，球面クラスタリングが「出現頻度が高い共通の単語があるようにクラスタを形成する」傾向を持つため，出現頻度が高いストップワードの影響をより強く受けるためと推測します．一方，文書分類においては，各クラスのストップワードの分布が既知として与えられるので，クラス間に分布の差があればそれが利用され，差がなければ無視されるだけです．したがって，影響はさほど出ないはずであり，実験結果もそれを裏づけています．なお，ラプラス法を適用した場合の正解率は，ストップワードを除去した場合 80.44%，ストップワードを除去しない場合 78.11% であり，ストップワードを除去した方がわずかに良いといえます．しかし，クラスタリングのときのような差ではなく，実験結果の傾向や上記の議論は変わりません．一連の実験の結果とその考察から，文書クラスタリングを行う際は，ストップワードを除去した方が良いと推察します（多くの場合にいえると思いますが，文章スタイルの傾向を見たいときなど，例外もあるでしょう）．

表 A.10. 北海道の市町村の位置データ (2024年現在) ｘｙ座標

1	0.0 0.0	55.4 54.8	31.4 204.0	156.0 18.8
2	14.6 4.6	41.9 20.3	39.8 218.7	131.4 4.1
3	23.8 -26.4	44.7 54.8	25.6 264.1	119.3 2.0
4	18.0 -19.7	44.1 47.8	60.6 254.3	123.0 -5.6
5	16.8 -8.4	54.7 50.8	80.8 230.7	136.3 -16.5
6	-3.1 12.0	56.2 73.1	74.9 213.2	142.9 -40.0
7	13.1 17.8	23.8 0.2	98.6 209.7	147.3 -45.1
8	23.7 18.0	42.5 40.1	34.0 228.4	154.7 -61.8
9	-50.3 -140.8	50.5 46.4	-24.7 251.2	157.3 -84.8
10	-56.4 -134.8	35.0 -6.9	-17.3 237.9	160.9 -16.9
11	-100.0 -177.2	27.4 -5.7	-11.2 244.9	168.3 -14.6
12	-88.6 -171.4	34.5 -0.6	204.2 82.1	172.9 -28.6
13	-75.2 -159.1	25.3 30.5	234.6 106.3	181.3 6.9
14	-73.7 -150.5	37.3 40.7	160.7 143.9	176.8 20.1
15	-53.0 -127.1	42.0 53.7	226.5 94.2	192.3 44.9
16	-43.3 -111.6	48.8 70.6	221.2 84.3	185.2 -27.8
17	-62.5 -104.5	48.5 78.0	214.6 71.3	243.3 -8.5
18	-78.3 -60.1	43.0 64.3	266.5 94.1	250.1 -7.2
19	-87.5 -88.1	42.2 74.0	260.4 85.6	280.7 -1.1
20	-98.6 -129.9	46.5 82.4	249.8 88.0	303.4 1.7
21	-99.1 -137.3	64.2 105.1	191.9 73.4	260.9 26.6
22	-90.7 -124.3	81.2 78.4	179.4 67.9	249.5 46.7
23	-98.0 -119.2	89.1 143.9	194.5 106.0	238.4 18.5
24	-118.2 -70.6	82.7 30.9	174.7 110.9	218.4 -11.6
25	-147.9 -97.2	84.1 124.0	178.3 120.9	339.8 29.6
26	-108.2 -69.2	98.3 93.6	138.5 125.5	302.4 36.6
27	-28.9 14.2	113.8 86.9	142.2 156.7	290.7 54.5
28	-103.9 -39.6	80.9 114.7	127.8 140.8	303.5 66.3
29	-90.5 -29.7	102.9 137.9	129.2 169.4	308.2 106.4
30	-84.1 -43.2	80.4 86.5	-30.6 -81.6	
31	-66.4 -27.7	92.7 84.8	20.2 -46.9	
32	-53.6 -28.2	89.4 58.2	-19.9 -71.0	
33	-44.3 -32.8	88.2 70.2	-39.4 -64.6	
34	-38.5 -35.6	92.9 70.4	-51.6 -52.4	
35	-33.7 -29.2	90.3 90.0	-47.4 -56.0	
36	-37.8 -22.4	85.1 106.6	-37.7 -55.9	
37	-47.8 -17.6	89.4 43.4	0.1 -56.0	
38	-59.7 -8.9	86.1 37.9	37.3 -32.8	
39	-67.9 -9.1	97.6 11.3	42.1 -37.1	
40	-68.7 0.1	83.9 -9.0	46.0 -53.4	
41	-74.2 9.0	79.5 158.0	57.8 -63.7	
42	-60.8 26.1	72.9 185.5	62.2 -52.2	
43	-57.5 22.4	57.6 195.3	77.5 -76.5	
44	-47.3 9.9	22.7 97.4	81.5 -78.8	
45	-45.9 14.7	24.8 105.7	113.6 -97.6	
46	-43.5 2.4	13.7 87.9	126.9 -102.0	
47	49.8 -0.5	24.0 138.3	144.2 -114.0	
48	33.9 14.8	27.6 144.4	148.0 -15.1	
49	40.2 29.9	33.1 163.7	148.2 -7.5	
50	67.1 50.4	35.2 185.2	151.6 11.7	

表 A.11. 北海道の市町村の位置データ (2024 年現在) 市町村名

1	札幌市		赤平市		天塩郡天塩町		河東郡上士幌町
2	江別市		三笠市		天塩郡幌延町		河東郡鹿追町
3	千歳市		滝川市		稚内市		上川郡新得町
4	恵庭市		砂川市		宗谷郡猿払村		上川郡清水町
5	北広島市		歌志内市		枝幸郡浜頓別町		河西郡芽室町
6	石狩市		深川市		枝幸郡中頓別町		河西郡中札内村
7	石狩郡当別町		空知郡南幌町		枝幸郡枝幸町		河西郡更別村
8	石狩郡新篠津村		空知郡奈井江町		天塩郡豊富町		広尾郡大樹町
9	函館市		空知郡上砂川町		礼文郡礼文町		広尾郡広尾町
10	北斗市		夕張郡由仁町		利尻郡利尻町		中川郡幕別町
11	松前郡松前町		夕張郡長沼町		利尻郡利尻富士町		中川郡池田町
12	松前郡福島町		夕張郡栗山町		北見市		中川郡豊頃町
13	上磯郡知内町		樺戸郡月形町		網走市		中川郡本別町
14	上磯郡木古内町		樺戸郡浦臼町		紋別市		足寄郡足寄町
15	亀田郡七飯町		樺戸郡新十津川町		網走郡大空町		足寄郡陸別町
16	茅部郡鹿部町		雨竜郡妹背牛町		網走郡美幌町		十勝郡浦幌町
17	茅部郡森町		雨竜郡秩父別町		網走郡津別町		釧路市
18	山越郡長万部町		雨竜郡雨竜町		斜里郡斜里町		釧路郡釧路町
19	二海郡八雲町		雨竜郡北竜町		斜里郡清里町		厚岸郡厚岸町
20	檜山郡江差町		雨竜郡沼田町		斜里郡小清水町		厚岸郡浜中町
21	檜山郡上ノ国町		雨竜郡幌加内町		常呂郡訓子府町		川上郡標茶町
22	檜山郡厚沢部町		旭川市		常呂郡置戸町		川上郡弟子屈町
23	爾志郡乙部町		名寄市		常呂郡佐呂間町		阿寒郡鶴居村
24	久遠郡せたな町		富良野市		紋別郡遠軽町		白糠郡白糠町
25	奥尻郡奥尻町		士別市		紋別郡湧別町		根室市
26	瀬棚郡今金町		上川郡愛別町		紋別郡滝上町		野付郡別海町
27	小樽市		上川郡上川町		紋別郡興部町		標津郡中標津町
28	島牧郡島牧村		上川郡剣淵町		紋別郡西興部村		標津郡標津町
29	寿都郡寿都町		上川郡下川町		紋別郡雄武町		目梨郡羅臼町
30	寿都郡黒松内町		上川郡鷹栖町		室蘭市		
31	磯谷郡蘭越町		上川郡当麻町		苫小牧市		
32	虻田郡ニセコ町		上川郡美瑛町		登別市		
33	虻田郡真狩村		上川郡東神楽町		伊達市		
34	虻田郡留寿都村		上川郡東川町		虻田郡豊浦町		
35	虻田郡喜茂別町		上川郡比布町		虻田郡洞爺湖町		
36	虻田郡京極町		上川郡和寒町		有珠郡壮瞥町		
37	虻田郡倶知安町		空知郡上富良野町		白老郡白老町		
38	岩内郡共和町		空知郡中富良野町		勇払郡安平町		
39	岩内郡岩内町		空知郡南富良野町		勇払郡厚真町		
40	古宇郡泊村		勇払郡占冠村		勇払郡むかわ町		
41	古宇郡神恵内村		中川郡美深町		沙流郡日高町		
42	積丹郡積丹町		中川郡音威子府村		沙流郡平取町		
43	古平郡古平町		中川郡中川町		新冠郡新冠町		
44	余市郡仁木町		留萌市		日高郡新ひだか町		
45	余市郡余市町		留萌郡小平町		浦河郡浦河町		
46	余市郡赤井川村		増毛郡増毛町		様似郡様似町		
47	夕張市		苫前郡苫前町		幌泉郡えりも町		
48	岩見沢市		苫前郡羽幌町		帯広市		
49	美唄市		苫前郡初山別村		河東郡音更町		
50	芦別市		天塩郡遠別町		河東郡士幌町		

付録 B

参考ソースコード

B.1 3章より

　3章で示したクラスタリングアルゴリズムの k-means や compLearn では，ランダムラベリング（randomLabel と同じ）から初期クラスタあるいは初期重みベクトルを求めていました．この方法は簡便ではありますが一般的とまではいえず，普通は**入力ベクトルをクラスタ数だけランダムに選択し，それを初期の代表ベクトル（＝重みベクトル）とする方法**が紹介されています．後者の方法では，平方和の大きな（つまりよろしくない）局所解へ収束しがちであることが知られています．この問題に対処する1つのアイデアは，**互いに離れた位置に初期代表ベクトルを配置する**というもので，その考え方に基づく k-means++ アルゴリズムが広く知られています [3]．直感的に優れると思われる k-means++ アルゴリズム（下記）と，3章で示したアルゴリズムとを比較すれば，初期化問題の難しさや面白さがわかると思います．3章で示したアルゴリズムは，「**入力ベクトルの分布に合わせて，代表ベクトルを配置する．すなわち入力ベクトルの密度が高いところに代表ベクトルを多く配置する．**」という考え方に基づきます．初期化直後の代表ベクトルは，互いに近い位置にありますが，更新により適切な位置へ移動します．より複雑なアルゴリズムの提案もあります [48, 45]．

　ソースコードは，29行目まで k-means.cpp や compLearn.cpp と同じです．Makefile に依存関係を表す "k-means++:　　　common.o" を1行追加してください．k-means++ アルゴリズムの初期化手順を，下記に示します [3]．

1. ランダムに選んだ入力ベクトル x を1番目の代表ベクトル w_1 とする．
2. 次の代表ベクトルを，まだ選ばれていない入力ベクトル x_i の中から，確率 $\frac{\min_k \|x_i - w_k\|^2}{\sum_i \min_k \|x_i - w_k\|^2}$ で選択する．

3. 上記を代表ベクトルの数が K (本来のクラスタ数) に達するまで続ける。

コード B.1. k-means++ アルゴリズム k-means++.cpp

```cpp
// k-means++.cpp
............中略.............
//-- クラスタラベルの初期化 --
vector<double> cost(nvec, numeric_limits<double>::max());
mt19937 gen(seed);
uniform_int_distribution<int> idist(0, nvec-1);
uniform_real_distribution<double> fdist(0, 1);
int ivec = idist(gen);     //-- 最初の重みベクトルを選択
int kW = 0;
while( kW < numc ){
  for( int m = 0 ; m < ndim ; m++ ) weight[kW][m] = vecs[ivec][m];
  for( int i = 0 ; i < nvec ; i++ ){
    double sum = 0;        //-- 誤差計算用の変数
    for( int m = 0 ; m < ndim ; m++ )
      sum += (vecs[i][m]-weight[kW][m])*(vecs[i][m]-weight[kW][m]);
    if( cost[i] > sum ) cost[i] = sum;
  }
  double fVal = fdist(gen) * accumulate(cost.begin(),cost.end(),0.0);
  ivec = 0;
  double val = 0;
  for( int i = 0 ; i < nvec ; i++ ){
    if( fVal < val + cost[i] ){
      ivec = i;
      break;
    }
    else val += cost[i];
  }
  kW++;
}
updateLabel(vecs,lbls,weight);
//-- k-means アルゴリズムのコア (繰り返し) 部分 --
int ic = 1;
double Jw, Eq;
do{
  Jw = updateWeight(vecs,lbls,weight);
  Eq = updateLabel(vecs,lbls,weight);
  cerr << "ic= " << ic << ", Jw= " << Jw << ", Eq= " << Eq << endl;
  ic++;
}while( Jw != Eq );
```

```
67      //-- データにクラスタラベルを付与して出力 --
68      for( int i = 0 ; i < nvec ; i++ ){
69        for( int m = 0 ; m < ndim ; m++ ) cout << vecs[i][m] << " ";
70        cout << lbls[i] << endl;
71      }
72    }
```

k-means++ アルゴリズムと本書で示したランダムラベリングによる初期化法の優劣は，対象データに依存し，どちらかが常に優れることはありません．

B.2　6章より

B.2.1　分散共分散行列の算出について

分散共分散行列 C_{ov} の算出式：

$$C_{ov} = \frac{1}{N}XX^t - \mu\mu^t, \tag{B.1}$$

の導出過程を示します．まず，入力ベクトルの重心 μ は，

$$\mu = \begin{pmatrix} \bar{x}_{1\cdot} \\ \vdots \\ \bar{x}_{m\cdot} \\ \vdots \\ \bar{x}_{M\cdot} \end{pmatrix} = \frac{1}{N}\begin{pmatrix} \sum_i x_{1i} \\ \vdots \\ \sum_i x_{mi} \\ \vdots \\ \sum_i x_{Mi} \end{pmatrix} = \frac{1}{N}X\mathbf{1}, \tag{B.2}$$

と表せます．ここで，$\mathbf{1}$ は全要素が 1 の列ベクトルで $\mathbf{1}^t\mathbf{1} = N$ とします．すると，$D = X - \mu\mathbf{1}^t$ と書けるので，

$$\begin{aligned}
C_{ov} &= \frac{1}{N}DD^t = \frac{1}{N}(X - \mu\mathbf{1}^t)(X - \mu\mathbf{1}^t)^t \\
&= \frac{1}{N}XX^t - \frac{1}{N}X(\mu\mathbf{1}^t)^t - \frac{1}{N}\mu\mathbf{1}^t X^t + \frac{1}{N}\mu\mathbf{1}^t(\mu\mathbf{1}^t)^t \\
&= \frac{1}{N}XX^t - \frac{1}{N}X\mathbf{1}\mu^t - \frac{1}{N}\mu(X\mathbf{1})^t + \frac{1}{N}\mu\mathbf{1}^t\mathbf{1}\mu^t \\
&= \frac{1}{N}XX^t - \mu\mu^t - \mu\mu^t + \mu\mu^t = \frac{1}{N}XX^t - \mu\mu^t
\end{aligned}$$

と変形することで，算出式が導出できます．

分散共分散行列を算出するプログラム calcCov.cpp では，算出式通りに計算しているのが確認できます（nvec は入力ベクトル数の N，mu は μ）．

```
23    VectorXd mu = X.rowwise().mean();
24    MatrixXd Cov = 1/(double)nvec*X*X.transpose() - mu*mu.transpose();
```

B.3 7章より

B.3.1 アイテムベースの相関に基づく推薦の評価

文献 [39] における**ピアソンの積率相関係数**を利用したアイテム間の相関係数に基づく推薦手法を再現したプログラム（評価まで行う）を evalPearson.cpp として示します．「あるアイテム間の相関を計算する場合，両方のアイテムに対して評価しているユーザの情報のみを使う」という制約を設けています．文献 [39] や同様な制約を持つ手法を実装する際，参考にして頂きたいと思います．ソースコードの 45 行目までは，evalPurePearson.cpp と同じです．また，78 行目以降の推定／評価部分は，evalPurePearson.cpp の 67 行目以降と似ています．しかし，評価値の推定（78-91 行目）では平均の評価値からの差分を考えていません（式 7.6 参照）．疎行列の扱いで新しいのは 54 行目です．spX.coeff(u,j) のようにして，疎行列の要素を行と列の添字を使って読み出しています（添字の探索が行われるため効率はよくありません）．

I 番目と J 番目のアイテム間の相関の計算（式 6.22 参照）では，下記の関係を使っている点に注意して，ソースコードを見てください（標本数 N が 1 のときなど，式 6.22 の分母の値 den が 0 になる場合も相関値を 0 としています）．

$$\sum (I_u - \bar{I}_u)^2 = \sum I_u^2 - \frac{1}{N}\left(\sum I_u\right)^2,$$
$$\sum (I_u - \bar{I}_u)(J_u - \bar{J}_u) = \sum I_u J_u - \frac{1}{N}\left(\sum I_u\right)\left(\sum J_u\right). \quad \text{(B.3)}$$

実行の様子を下記に示します．評価結果は，文献 [39] のものと異なっています．原因としては，学習データと評価データの分割方法が異なることがあげられます（参考までに，評価値の推定において正の相関値のみを用いるように変更すると，推薦の評価値が改善されるのが確認できます）．

B.3 7章より

```
$ ./evalPearson ml-100k/ua.base ml-100k/ua.test
ndcg= 0.926836
rmse= 1.66696
mae = 1.33931
```

コード B.2. Pearson 相関を使う推薦の評価プログラム evalPearson.cpp

```cpp
1   // evalPearson.cpp item ベース pearson (互いに評価がある情報のみ評価)
    ............中略............
46    //-- 相関 P の算出
47    MatrixXd P   = MatrixXd::Zero(nItems,nItems);
48    for( int i = 0 ; i < nItems ; i++ ){
49      for( int j = 0 ; j <= i ; j++ ){
50        double sumI=0, sumJ=0, sum2I=0, sum2J=0, sumIJ=0, N=0;
51        for( SparseMatrix<double>::InnerIterator it(spX,i); it; ++it ){
52          int u    = it.row();
53          int valI = it.value();
54          int valJ = spX.coeff(u,j);
55          if( valJ != 0 ){
56            sumI  += valI;
57            sumJ  += valJ;
58            sum2I += valI * valI;
59            sum2J += valJ * valJ;
60            sumIJ += valI * valJ;
61            N++;
62          }
63        }
64        if( N > 1 ){
65          double den = sqrt((sum2I-sumI*sumI/N)*(sum2J-sumJ*sumJ/N));
66          if( den != 0 ) P(i,j) = (sumIJ-sumI*sumJ/N) / den;
67          else           P(i,j) = 0;
68        }
69        else P(i,j) = 0;
70        if( i != j ) P(j,i) = P(i,j);
71      }
72    }
73    //-- 各ユーザについて，評価履歴と相関に基づく評価値の推定と推薦の評価
74    SparseMatrix<double> spXt  = spX.transpose();
75    SparseMatrix<double> spX2t = spX2.transpose();
76    double ndcg = 0, mse = 0, mae = 0, nEval = 0;
77    for( int u = 0 ; u < nUsers ; u++ ){
78      //---- 評価値の推定
79      vector<double> estR(nItems,0); // 各 item について推測した評価 ratings
80      vector<double> den(nItems,0);  // 各 item の rating 推測に使う類似度の和
```

```cpp
 81      for( SparseMatrix<double>::InnerIterator it(spXt,u); it ; ++it ){
 82        int iU   = it.row();
 83        int valU = it.value();
 84        for( int i = 0 ; i < nItems ; i++ ){
 85          estR[i] += valU * P(iU,i);
 86          den[i]  += fabs(P(iU,i));
 87        }
 88      }
 89      for( int i = 0 ; i < nItems ; i++ )
 90        if( den[i] != 0 ) estR[i] = estR[i] / den[i];
 91        else              estR[i] = 0;
 92      //---- 推定評価値の評価
 93      vector<double> rate;
 94      multimap<double, double, greater<double>>  mapEstR2R;
 95      for( SparseMatrix<double>::InnerIterator it(spX2t,u); it ; ++it ){
 96        rate.emplace_back(it.value());
 97        mapEstR2R.insert(pair<double,double>(estR[it.row()],it.value()));
 98        double tmp = estR[it.row()] - it.value();
 99        mse += tmp * tmp;
100        mae += fabs(tmp);
101        nEval++;
102      }
103      //---- 理想的な dcg (idcg) と推定評価値 estR からの dcg の算出
104      sort(rate.begin(),rate.end(),greater<double>());// 評価値を降順ソート
105      multimap<double, double>::iterator it2 = mapEstR2R.begin();
106      double idcg = rate[0];
107      double dcg  = it2->second;
108      it2++;
109      for( int p = 1 ; p < rate.size() ; p++, it2++ ) {
110        idcg += rate[p]      / log2(p+1.0);
111        dcg  += it2->second  / log2(p+1.0);
112      }
113      ndcg += dcg / idcg;
114    }
115    cerr << "ndcg= " << nUInv * ndcg   << endl;
116    cerr << "rmse= " << sqrt(mse/nEval) << endl;
117    cerr << "mae = " << mae/nEval << endl;
118  }
```

B.4 8章より

B.4.1 空の文書を取り除く処理

ストップワード除去により空となった文書を取り除くプログラムです.

コード B.3. 空文書削除プログラム reallocateDocId.cpp

```cpp
// reallocateDocId.cpp
#include <iostream>
#include <fstream>
#include <string>
#include <vector>
#include <set>
#include <sstream>
#include <Eigen/Dense>
#include <Eigen/Sparse>
using namespace Eigen;
using namespace std;
int main(int argc, char* argv[]){
  string fname   = argv[1]; // 文書疎行列（3つ組）ファイル
  string fnameC  = argv[2]; // （クラスラベル）ファイル入力
  string fnameC2 = argv[3]; // （クラスラベル）ファイル出力
  int nRows = 0, nCols = 0; // 行数（ndim）と列数（文書数）を表す変数の宣言
  int row, col;
  double val;
  string buf;
  set<int> validDocIds;       // 0 始まり. 有効な文書 id の集合
  typedef Triplet<double> T;
  vector<T> triplets;
  ifstream ifile( fname );
  while( getline(ifile,buf) ){
    istringstream iss(buf);
    iss >> row >> col >> val;
    triplets.emplace_back(T(row-1,col-1,val));
    if( row > nRows ) nRows = row;
    if( col > nCols ) nCols = col;
    validDocIds.insert(col-1); // 文書 id を有効な文書 id 集合に追加
  }
  ifile.close();
```

```cpp
   int ndim = nRows;       // 行数は，単語種類数（特徴の次元数 ndim=M）を表す
   int nvec = nCols;       // 列数は，文書数 nvec=N を表す
   SparseMatrix<double> spX(ndim,nvec);
   spX.setFromTriplets(triplets.begin(), triplets.end());
   ifstream ifileC( fnameC );
   vector<int> vecC;
   while( getline(ifileC,buf) ) vecC.emplace_back(stoi(buf)-1);
   ifileC.close();
   int Did = 0;
   ofstream ofileClass( fnameC2 );
   for( int i = 0 ; i < nvec ; i++ ){              // すべての文書 id について
     if( validDocIds.find(i) != validDocIds.end() ){ // 有効な文書 id なら
       ofileClass << vecC[i]+1 << endl;
       for(SparseMatrix<double>::InnerIterator it(spX,i);it; ++it)
         cout << it.row()+1 << " " << Did+1 << " " << it.value() << endl;
       Did++;
     }
   }
}
```

　このプログラムは，除去した文書 id に対するラベル情報も除去します．使い方を説明します．例えば，空の文書を含む文書データ 20ngNoS.dat と クラスラベル情報 20ng.label がある場合，reallocateDocId.cpp をコンパイルして実行形式を作り，

```
$ ./reallocateDocId 20ngNoS.dat 20ng.label 20ngNoSid.label > 20ngNoSid.dat
```

とすれば，クラスラベル情報の修正も含めて空文書の id が除去できます．20ngNoSid.dat が，空文書 id を取り除いた文書ファイルです．この文書ファイルに対しては，20ngNoSid.label を使ってください．このコマンドは，学習用データやテストデータに対しても適用できます．

B.4.2 クラスタリングの評価

クラスタリングの評価値算出プログラム evalClustering.cpp（コード 8.7）は，ラベルデータのみを使って外部評価値を算出しましたが，内部評価値（クラスタ内コサイン類似度とクラスタ内 JS ダイバージェンス）も合わせて計算できるようにすると，これらの値間の関係を解析するときに便利です．54 行目まではオリジナルのコードと同じです．なお，クラスタ内 JS ダイバージェンスの代わりに，クラスタ内エントロピーを出力します．

実行は，文書が属するカテゴリを表すラベルデータ（20ng.label）とクラスタリング結果（spK-means や sdK-means の出力をリダイレクトされたファイル），および文書データを引数とします．実行例は，

```
$ ./sdK-means 20ng.dat 20 0 0.99 > 20ng_sdKResult.dat
.....
$ ./evalClustering2 20ng.label 20ng_sdKResult.dat 20ng.dat
0.601596 10.1801 0.472089 0.928379 0.39079 0.509977
```

です．

シェルプログラミングを使えば，乱数の種（seed）を変えた実験を一括して行えます．例えば，下記のようなコード（work1.sh とします）では，変数 seed に [0..29] の値を設定し，for ループを回す（do と done の間が繰り返されます．複数行書けます）ことができます．また，変数の値は$seed のように "$" を付けて参照します．実行するには，"sh work1.sh" とします．ここでは，結果をリダイレクトして sdK.dat や sdKn.dat に追記しています．1 行目「'seq 0 29'」の両端はバッククオート Shift-@です．実行後は，30 行のファイルになるはずです（再実行するときはファイルを消してからでないと 60 行になります）．

```
for seed in 'seq 0 29'
do
  ./sdK-means 20ng.dat 20 $seed 0.99    > 20ng_sdKResult.dat
  ./sdK-means 20ngNoS.dat 20 $seed 0.99 > 20ngNoS_sdKResult.dat
  ./evalClustering2 20ng.label 20ng_sdKResult.dat 20ng.dat >> sdK.dat
  ./evalClustering2 20ng.label 20ngNoS_sdKResult.dat 20ngNoS.dat >> sdKn.dat
done
```

コード B.4. 拡張版クラスタリングの評価値算出 evalClustering2.cpp

```cpp
1   // evalClustering2.cpp
             ............中略..............
55    //-- 内部評価値の計算
56    string fname = argv[3];
57    ifstream ifile( fname );
58    int nRows = 0, nCols = 0; // 行数（ndim）と列数（文書数）を表す変数の宣言
59    int row, col;
60    double val;
61    typedef Triplet<double> T;
62    vector<T> triplets;
63    while( getline(ifile,buf) ){
64      istringstream iss(buf);
65      iss >> row >> col >> val;
66      triplets.emplace_back(T(row-1,col-1,val));
67      if( row > nRows ) nRows = row;
68      if( col > nCols ) nCols = col;
69    }
70    ifile.close();
71    int ndim = nRows;
72    spCMat spX(ndim,nvec);
73    spX.setFromTriplets(triplets.begin(), triplets.end());
74    Veci lbls = Map<Veci>(&(vecC[0]),nvec); // クラスタラベル→ VectorXi
75    Mat weight(ndim,numC);
76    spCMat spXcos = spX, spXitc = spX;        // 別々に正規化するためのコピー
77    //-- 球面クラスタリングと ITC のための正規化 --
78    for( int i = 0 ; i < nvec ; i++ ){
79      double sum = 0;
80      for(spCMat::InnerIterator it(spXcos,i);it; ++it)
81        sum += it.value()*it.value();
82      if( sum != 0 ) sum = 1.0 / sqrt(sum);
83      for(spCMat::InnerIterator it(spXcos,i);it; ++it)
84        spXcos.coeffRef(it.row(),i) *= sum;
85      sum = 0;
86      for(spCMat::InnerIterator it(spXitc,i);it; ++it) sum += it.value();
87      if( sum != 0 ) sum = 1.0 / sum;
88      for(spCMat::InnerIterator it(spXitc,i);it; ++it)
89        spXitc.coeffRef(it.row(),i) *= sum;
90    }
91    double Cosw    = updateWeightCos( spXcos, lbls, weight );
92    double Entropy = updateWeightEntropy( spXitc, lbls, weight );
93    cout << Cosw << " " << Entropy << " " << purity << " " << RI << " "
94         << F << " " << NMI << endl;
95  }
```

参考文献

[1] Stefan Aeberhard and M. Forina. Wine [dataset]. *UCI Machine Learning Repository*. DOI: https://doi.org/10.24432/C5PC7J.

[2] Shunichi Amari. A theory of adaptive pattern classifiers. *IEEE Trans. EC*, Vol. 16, No. 3, pp. 299–307, 1967.

[3] David Arthur and Sergei Vassilvitskii. k-means++: The advantages of careful seeding. In *Proceedings of the eighteenth annual ACM-SIAM symposium on Discrete algorithms*, pp. 1027–1035. Society for Industrial and Applied Mathematics, 2007.

[4] Arthur Asuncion, Max Welling, Padhraic Smyth, and Yee Whye Teh. On smoothing and inference for topic models. In *Proceedings of the Twenty-Fifth Conference on Uncertainty in Artificial Intelligence*, pp. 27–34. AUAI Press, 2009.

[5] Christopher M. Bishop. Pattern Recognition and Machine Learning（第2刷）. Springer-Verlag, 2010.

[6] David M Blei, Andrew Y Ng, and Michael I Jordan. Latent dirichlet allocation. *the Journal of machine Learning research*, Vol. 3, pp. 993–1022, 2003.

[7] Robin Burke. Hybrid recommender systems: Survey and experiments. *User modeling and user-adapted interaction*, Vol. 12, No. 4, pp. 331–370, 2002.

[8] Jen-Tzung Chien and Meng-Sung Wu. Adaptive bayesian latent semantic analysis. *Audio, Speech, and Language Processing, IEEE Transactions on*, Vol. 16, No. 1, pp. 198–207, 2008.

[9] Kenneth W. Church and William A. Gale. A comparison of the enhanced good-turing and deleted estimation methods for estimating probabilities of english bigrams. *Computer Speech and Language*, Vol. 5, pp. 19–54, 1991.

[10] Paolo Cremonsei, Yehuda Koren, and Roberto Turrin. Performance of recommender algorithms on top-n recommendation tasks. *Proceedings of the 4th ACM conference on Recommender systems (RecSys'10)*, pp. 39–46, 2010.

[11] 東京大学教養学部統計学教室. 統計学入門. 東京大学出版会, 1991.

[12] Christian Desrosiers and George Karypis. A comprehensive survey of neighborhood-based recommendation methods. In *Recommender systems handbook*, pp. 107–144. Springer, 2011.

[13] Inderjit S Dhillon, Subramanyam Mallela, and Rahul Kumar. A divisive information theoretic feature clustering algorithm for text classification. *The Journal of Machine Learning Research*, Vol. 3, pp. 1265–1287, 2003.

[14] Inderjit S Dhillon and Dharmendra S Modha. Concept decompositions for large sparse text data using clustering. *Machine learning*, Vol. 42, No. 1-2, pp. 143–175, 2001.

[15] Richard O. Duda, Peter E. Hart, David G. Stork. *Pattern Classification (second edition)*. John Wiley and Sons, Inc., 2001.

[16] Ronald Aylmer Fisher. The use of multiple measurements in taxonomic problems. *Annals of Eugenics*, Vol. 7, pp. 179–188, 1936.

[17] K. Fukunaga. *Introduction to Statistical Pattern Recognition (2nd ed.)*. Academic Press, 1990.

[18] Asela Gunawardana and Guy Shani. A survey of accuracy evaluation metrics of recommendation tasks. *Journal of Machine Learning Research*, Vol. 10, pp. 2935–2962, 2009.

[19] Jonathan L. Herlocker, Joseph A. Konstan, Loren G. Terveen, and John Riedl. Evaluating collaborative filtering recommender systems. *ACM Trans. Inf. Syst.*, Vol. 22, pp. 5–53, 2004.

[20] 石井健一郎, 上田修功, 前田英作, 村瀬洋. わかりやすいパターン認識. オー

ム社, 1998.
[21] 石井健一郎, 上田修功. 続・わかりやすいパターン認識-教師なし学習入門-. オーム社, 2014.
[22] 岩田具治. トピックモデル. 講談社, 2015.
[23] Kalervo Järvelin and Jaana Kekäläinen. Cumulated gain-based evaluation of ir techniques. *ACM Transactions on Information Systems (TOIS)*, Vol. 20, No. 4, pp. 422–446, 2002.
[24] 北研二. 確率的言語モデル. 東京大学出版会, 1999.
[25] Yehuda Koren. Factorization meets the neighborhood: a multifaceted collaborative filtering model. *Proceedings of the 14th ACM SIGKDD international conference on Knowledge discovery and data mining (KDD'08)*, pp. 426–434, 2008.
[26] 堤田恭太, 中辻真, 内山俊郎, 戸田浩之, 内山匡. アクセスログを用いたクロスドメイン環境における情報推薦. 研究報告データベースシステム (DBS), Vol. 2012, No. 4, pp. 1–8, 2012.
[27] Lillian Lee. Measures of distributional similarity. In *Proceedings of the 37th annual meeting of the Association for Computational Linguistics on Computational Linguistics*, pp. 25–32. Association for Computational Linguistics, 1999.
[28] David D Lewis, Yiming Yang, Tony G Rose, and Fan Li. Rcv1: A new benchmark collection for text categorization research. *The Journal of Machine Learning Research*, Vol. 5, pp. 361–397, 2004.
[29] Y. Linde, A. Buzo, and R.M. Gray. An algorithm for vector quantizer design. *IEEE Trans. on Communications*, Vol. 82, No. 1, pp. 84–95, 1980.
[30] Stuart P. Lloyd. Least square quantization in pcm. *Bell Telephone Laboratories (Published in Journal from IEEE Trans. on IT (1982))*, 1957.
[31] J. MacQueen. Some methods for classification and analysis of multivariate observations. *Proceedings of Fifth Berkeley Symposium on Mathematical Statistics and Probability*, Vol. 1, pp. 281–297, 1967.

[32] Christopher D Manning, Prabhakar Raghavan, and Hinrich Schütze. *Introduction to information retrieval*, Vol. 1. Cambridge university press Cambridge, 2008.

[33] Bradley N. Miller, Istvan Albert, Shyong K. Lam, Joseph A. Konstan, and John Riedl. Movielens unplugged: Experiences with an occasionally connected recommender system. *Proceedings of ACM 2003 International Conference on Intelligent User Interfaces (IUI'03)*, pp. 263–266, 2003.

[34] M. Minsky and S. Papert. *Perceptron - Expanded Edition*. MIT Press, 1988.

[35] Nobuyuki Otsu. A threshold selection method from gray-level histograms. *IEEE Trans. on System, Man, and Cybernetics*, Vol. 9, No. 1, pp. 62–66, 1979.

[36] Paul Resnick, Neophytos Iacovou, Mitesh Suchak, Peter Bergstrom, and John Riedl. Grouplens: an open architecture for collaborative filtering of netnews. *Proceedings of the ACM conference on Computer supported cooperative work (CSCW'94)*, pp. 175–186, 1994.

[37] Frank Rosenblatt. The perceptron: A probabilistic model for information storage and organization in the brain. *Psychological Review*, Vol. 65, No. 6, pp. 386–408, 1958.

[38] David E. Rumelhart and David Zipser. Feature discovery by competitive learning. *Cognitive Science*, Vol. 9, pp. 75–112, 1985.

[39] Badrul Sarwar, George Karypis, Joseph Konstan, and John Riedl. Item-based collaborative filtering recommendation algorithms. *Proceedings of the 10th international conference on World Wide Web (WWW'01)*, pp. 285–295, 2001.

[40] 高村大也. 言語処理のための機械学習入門. コロナ社, 2010.

[41] 神嶌敏弘. 推薦システムのアルゴリズム (1). 人工知能学会誌, Vol. 22, No. 6, pp. 826–837, 2007.

[42] 神嶌敏弘. 推薦システムのアルゴリズム (2). 人工知能学会誌, Vol. 23, No. 1, pp. 89–103, 2008.

[43] 神嶌敏弘. 推薦システムのアルゴリズム (3). 人工知能学会誌, Vol. 23, No. 2, pp. 248–263, 2008.

[44] 内山俊郎. 情報理論的クラスタリングを用いた確率的潜在意味解析の性能向上. 電子情報通信学会論文誌 D, Vol. J100-D, No. 3, pp. 419–426, 2017.

[45] 内山俊郎, 江田毅晴, 田邊勝義, 藤村考. 競合学習を用いた情報理論的クラスタリング. 電子情報通信学会論文誌, Vol. J95-D, No. 8, pp. 1633–1643, 2012.

[46] 内山俊郎, 甫喜本司. トピックモデルにおける解の多様性の分析と可視化. 電子情報通信学会論文誌 D, Vol. J102-D, No. 10, pp. 698–707, 2019.

[47] 内山俊郎, 甫喜本司. トピックモデルにおける多様な解の単語分布に基づく解析. 電子情報通信学会論文誌 D, Vol. 105, No. 5, pp. 405–415, 2022.

[48] Toshio Uchiyama and Michel A. Arbib. Color image segmentation using competitive learning. *IEEE Trans. on PAMI*, Vol. 16, pp. 1197–1206, 1994.

[49] Toshio Uchiyama and Tsukasa Hokimoto. Analysis of solution diversity in topic models for smart city applications. In *Sustainable Smart Cities- A Vision for Tomorrow*, pp. 51–70. IntechOpen, 2022.

[50] William Webber, Alistair Moffat, Justin Zobel, and Tetsuya Sakai. Precision-at-ten considered redundant. *Proceedings of the 31st annual international ACM SIGIR conference on Research and development in information retrieval (SIGIR'08)*, pp. 695–696, 2008.

[51] Xindong Wu, Vipin Kumar, J. Ross Quinlan, Joydeep Ghosh, Qiang Yang, Hiroshi Motoda, Geoffrey J. McLachlan, Angus Ng, Bing Liu, Philip S. Yu, Zhi-Hua Zhou, Michael Steinbach, David J. Hand, and Dan Steinberg. Top 10 algorithms in data mining. *Knowledge and Information Systems*, Vol. 14, pp. 1–37, 2008.

索引

awk, 28, 29, 118

bag-of-words モデル, 159
BOW モデル, 159

cat, 8
cd, 7
Collaborative filtering, 144, 156
Content-based filtering, 156
cp, 8
CSV 形式, 118

DCG, 148
document frequency, 188

eigen value, 112
eigen vector, 112
emacs, 11
EM アルゴリズム, 103

gnuplot, 27

history, 9

job, 15

k-means++, 229
k-means アルゴリズム, 51, 103
kill, 15
KL ダイバージェンス, 175

Latent Factor Model, 152, 157
LBG アルゴリズム, 58
ls, 7
LVQ, 77

MAE, 147
make, 26
Makefile, 26
MAP, 89
MAP 推定, 89

mkdir, 7
mv, 8

nDCG, 148
NR, 118

paste, 28, 29
PCA, 110, 152
pwd, 6
p 値, 32, 33

relevancy, 148
rm, 9
RMSE, 147

scatter matrix, 107
Stop words, 161
SVD, 152, 155
SVD++, 152
SVM, 78

Top-N 推薦, 138, 148, 153
tr, 116
t 検定, 29, 32
t 分布, 31

variance-covariance matrix, 107

winner-take-all, 61

アイテムベース協調フィルタリング, 157
＆（アンパサンド）, 11

上側確率, 33

親ディレクトリ, 5

カーネル法, 78
階層的クラスタリング, 41
外部基準, 183, 186
学習パターン, 67, 68

学習ベクトル量子化, 77
学習率, 63, 64
確率降下法, 61
確率の加法定理, 80
確率の乗法の定理, 82
確率分布, 84
確率変数, 84
確率モデル, 100
加算法, 97
片側検定, 34
カレントディレクトリ, 5

機械学習, 2
記述統計学, 1
帰無仮説, 32, 34
球面 k-means, 66, 167
球面クラスタリング, 66, 166
球面集中現象, 65, 165
競合学習, 60
教師あり学習, 67
教師なし学習, 67
協調フィルタリング, 144, 156
共分散, 107
行列演算ライブラリ Eigen, 105, 108, 112, 153
局所最適解, 56, 57
近接法, 144, 157
近接モデル, 144, 157

クラス間変動, 125
クラスタ間平方和, 59
クラスタ内 JS ダイバージェンス, 176
クラスタ内平方和, 42, 43, 47, 103
クラスタラベル, 43, 45
クラス内変動, 125
クロスセル, 137

検出力, 38
検定, 1
検定統計量, 32, 34

コールドスタート問題, 156
コサイン類似度, 66, 166
コマンドライン引数, 19
固有値, 112
固有ベクトル, 112
固有ベクトル行列, 112, 119
混合分布モデル, 103

最適解, 41
最尤推定, 89, 103
サポートベクターマシン, 78

識別関数, 67
試行, 79
事後確率, 82
自己相関行列, 108
事象, 79
事前確率, 82
下側確率, 34
実対称行列, 112
質的データ, 38
集合知, 2
自由度, 30, 31
周辺確率, 79, 186
主成分分析, 110, 124, 152, 155
準標準化, 32
条件付き確率, 81
条件付き独立, 84
情報理論的クラスタリング, 66, 174, 176
ジョブ, 15
ジョブ番号, 15
信頼区間, 37, 101

推測統計学, 1, 30
ストップワード, 161
ストリーム, 16

生成モデル, 67, 79, 84, 100
絶対パス, 6
セレンディピティ, 137
ゼロ頻度問題, 96, 178, 201
潜在因子モデル, 152, 157

相関行列, 121
相関, 107
相関行列, 108
相関係数, 122, 139
相対パス, 7
総平方和, 59
総変動行列, 124
疎行列, 131
ソフトクラスタリング, 103, 194

第 1 種の過誤, 37
対角行列, 112, 119
対数事後確率, 89
大数の法則, 30
対数尤度, 89
第 2 種の過誤, 37
代表ベクトル, 58, 60, 64, 68
対立仮説, 32
多項分布, 85, 86
多重検定, 38
多変量解析, 1

端末, 5

直交行列, 111, 117
直交変換, 111

ディスカウンティング, 97, 201
ディリクレ分布, 101
データマイニング, 1
適合度, 148

統計解析, 1
統計解析ソフト R, 35
統計モデル, 100
同時確率, 79, 186
特異値, 153
特異値分解, 152, 153, 155
独立, 86
トピックモデル, 194
トレース, 107, 117

内部基準, 183
内容ベースフィルタリング, 156

2 項分布, 85
入力ベクトル, 45

パーセプトロン, 67, 68
ハードクラスタリング, 103, 194
パス, 5
バックグラウンド, 11, 15
パラメータ, 96
判別分析, 124

ピアソンの積率相関係数, 122, 139, 232
非階層的クラスタリング, 41
標準エラー出力, 56
標準出力, 17
標準入力, 22, 45, 109, 114, 116, 128
標準ライブラリ, 14, 17
標本, 30
標本サイズ, 30, 31
標本標準偏差, 30
標本分散, 30
標本平均, 30

ファイルストリーム, 21
フォアグラウンド, 11, 15
複合事象, 80
符号検定, 38
不偏標準誤差, 31
不偏標準偏差, 30
不偏分散, 30

分散, 42, 107
分散共分散行列, 107, 108, 111, 112, 117, 119, 122, 155
文書頻度, 188

平均絶対誤差, 147
ベイズ推定, 101
ベイズの定理, 82
平方和基準, 42
平方和最小基準クラスタリング, 42, 165
変数, 17
偏相関係数, 124
変動行列, 107, 111, 124

ホームディレクトリ, 5
補完, 9
母集団, 30
ボロノイ分割, 51, 68, 72
ホワイトニング変換, 120

マージン, 78

みかけの相関, 124, 143

無相関化, 115
無相関の検定, 124

メモリベース法, 158

目的関数, 41
文字列ストリーム, 26, 45, 126

有意水準, 32, 33
ユークリッドノルム, 174
ユーザベース協調フィルタリング, 157
尤度, 82

ラプラス法, 97, 101, 201
ラベル付きデータ, 43

リダイレクト, 8, 45
リテラル, 17
両側検定, 34
量子化誤差, 56–58
量的データ, 29

ルートディレクトリ, 5

著者略歴

内山 俊郎（うちやま としお）

1987 年	東京工業大学電気電子工学科卒業
1989 年	同大学大学院修士課程修了
同 年	株式会社 NTT データ入社
1991 年 〜 1993 年	南カリフォルニア大客員研究員. 神経回路網とその画像応用の研究に従事.
1999 年 〜 2005 年	通信・放送機構（現 NICT）研究員. 分光色再現の研究に従事.
2006 年 〜 2012 年	日本電信電話株式会社サービス エボリューション研究所. 文書データ解析，レコメンドの研究・実用化に従事.
2013 年 〜	北海道情報大学経営情報学部教授．「情報システムの設計」および「データ解析入門」の講義などを担当．博士（工学）.

2016 年 1 月 27 日	初 版 第 1 刷発行
2019 年 11 月 16 日	第 2 版 第 1 刷発行
2025 年 2 月 14 日	第 3 版 第 1 刷発行

[第3版] わかりやすいデータ解析入門
― C++による演習

著 者　内山俊郎　©2025
発行者　橋本豪夫
発行所　ムイスリ出版株式会社

〒169-0075
東京都新宿区高田馬場 4-2-9
Tel.03-3362-9241(代表)　Fax.03-3362-9145
振替 00110-2-102907

ISBN978-4-89641-339-7　C3055